江苏高校优势学科建设工程资助项目

城市滨水景观的艺术至境

著／邵靖

苏州大学出版社

图书在版编目(CIP)数据

城市滨水景观的艺术至境 / 邵靖著. —苏州：苏州大学出版社,2016.12
江苏高校优势学科建设工程资助项目
ISBN 978-7-5672-1986-1

Ⅰ.①城… Ⅱ.①邵… Ⅲ.①城市—理水(园林)—景观设计 Ⅳ.①TU986.4

中国版本图书馆CIP数据核字(2016)第312531号

书　　名：	城市滨水景观的艺术至境
著　　者：	邵　靖
责任编辑：	薛华强
装帧设计：	吴　钰
出版发行：	苏州大学出版社(Soochow University Press)
社　　址：	苏州市十梓街1号　邮编：215006
印　　刷：	苏州市深广印刷有限公司
网　　址：	www.sudapress.com
邮购热线：	0512-67480030
销售热线：	0512-65225020
开　　本：	787 mm×1 092 mm　1/16　印张：8　字数：157千
版　　次：	2016年12月第1版
印　　次：	2016年12月第1次印刷
书　　号：	ISBN 978-7-5672-1986-1
定　　价：	38.00元

凡购本社图书发现印装错误,请与本社联系调换。服务热线：0512-65225020

目录

绪　论 / 1

第一章　城市滨水景观设计概述 / 2

第一节　城市滨水景观简述 / 2
第二节　城市滨水景观设计中应考虑的相关问题 / 12

第二章　城市滨水景观的艺术设计 / 25

第一节　城市滨水景观的空间营造 / 25
第二节　城市滨水景观的造型运用 / 30
第三节　城市滨水景观中的灯光效果 / 34
第四节　城市滨水景观中的绿色空间 / 38
小　结 / 43

第三章　美学的艺术至境思想 / 44

第一节　意象的综述 / 44
第二节　我国古典美学的独创——意境 / 47
小　结 / 49

第四章　城市景观设计中的艺术至境 / 50

第一节　城市景观设计艺术至境简述 / 50
第二节　中西方影响城市艺术至境的理论体系 / 53
小　结 / 60

第五章　城市滨水景观的意象设计 / 61

第一节　城市滨水景观的意象元素 / 61
第二节　城市滨水景观的意象设计原则 / 69
小　结 / 74

第六章　城市滨水景观的意境设计 / 75

第一节　意境与历史文脉 / 75
第二节　意境与色彩 / 77
第三节　意境与空间 / 86
第四节　意境与绿化 / 89
第五节　意境与气候 / 93
第六节　动态意境的产生 / 96
小　结 / 99

第七章　城市滨水景观艺术至境实例分析 / 100

第一节　杭州西湖滨湖传统景观的艺术至境 / 100
第二节　大连现代滨海景观的艺术至境 / 111
小　结 / 119
结束语 / 120

绪 论

本书论述城市滨水景观的艺术至境,所研究的范围界定为城市中滨水区域的景观设计。本书的目的是将原本运用于美学中的艺术至境理念转而运用于城市滨水景观的设计规划之中,从而将城市滨水景观的设计提升到一个更高的境界。在现代城市滨水景观设计中,往往注重单体景观的造型功能,忽视了整体的意象设计,而更少有设计师注意到大型的水体资源本身就是一个创造良好意境的媒介物。中国古典园林设计之所以闻名遐迩,就是因为其在一个狭小的空间中创造了如同大自然的山水意境,而这些园林临摹的范本——城市滨水景观,却在设计时忽视了意境这一个中国传统文化的精华,这是十分令人遗憾的。因此,本书重点讲述意象和意境理论体系、城市滨水景观中创造意象和意境的设计原则和设计手法,使现代城市滨水景观设计在注重功能、造型的同时,向意象、意境等层面发展。

第一章　城市滨水景观设计概述

第一节　城市滨水景观简述

一、城市滨水景观的定义

"滨水景观"是近几年才出现的新名词,因此,在中国几乎所有正式出版的词典上都没有明确的解释。在英文中"滨水"可以翻译为"waterfront",在不同的词典中有不同的解释:"a part of a town which is next to the sea, a lake, or a river,(城市中的)滨水区、码头区"[1],"land at the edge of a lake, river etc.,(湖、河等的)滨水地区"[2],"a part of a town or an area that is next to water, for example in a harbour"[3]。因此可以说,"滨水"就是指"城镇中与河流、湖泊、海洋毗邻的土地或建筑;城镇邻近水边的部分"。

我们这里所说的滨水景观设计是指对城市中临近自然水体区域的整体规划和设计,因此,滨水按其毗邻的不同水体性质,可分为滨河、滨江、滨湖和滨海区域。需要说明的是,城市自然水体顾名思义是指自然界原来所拥有的水体,不应该是人工开凿的,但是有一些人工开凿的大型水体工程,如我国的京杭大运河在人们的心中已经是一条十分重要的城市水系,与自然水体没有什么本质上的区别,因此这些大型的人工水体工程也算在城市滨水区的范围之内,而那些小型的人工挖凿的水体,如一些园林中的水塘等就不算是城市滨水区了。

二、城市滨水景观的分类

根据不同的性质,城市滨水景观可以分为不同的种类。

（一）按滨水区不同的物质构成分类

滨水区不同的物质构成,给人们的视觉带来不同的感受,但总体来说可以以水体的面积、周围生态圈的作用、人工构筑物的多少来界定城市滨水区的类型,一般可以分为三大类。

---

[1] 剑桥大学出版社.剑桥中阶英汉双语词典.北京:外语教学与研究出版社,2005:1129.
[2] 英国培生教育出版集团.朗文中阶英汉双解词典.北京:外语教育与研究出版社,2004:1320.
[3] （英）霍恩比.牛津高阶英语词典（第8版）.北京:商务印书馆,2012:1739.

1. 蓝色型

这种类型偏重于反映水和天空的景象,使人感受自然水体的广阔无垠。运用这种设计手法形成的自然水体面积一般较大,如滨海区以及太湖、洞庭湖等大型湖泊地区。根据调查,人们最喜欢聚居的环境是滨海地区,由此可见,水体对人们的吸引力有多大。因此,只要有条件,我们都应当注重对于大型水体的有效利用(如图 1-1-1)。

图 1-1-1　泰国芭提雅海滩(摄于泰国芭提雅)

2. 绿色型

此种类型一般注重自然生态的保护,驳岸一般采用自然型(如图 1-1-2),用以保护滨水区原有生态圈。它不仅包括陆上的动植物,也包括水中的一切生物,人们常常重视陆地上的绿化而忽视了水中的动植物的存在(如图 1-1-3)。

图 1-1-2 白塘生态植物园滨水规划过的自然驳岸处理（摄于苏州白塘生态植物园）

图 1-1-3 花溪湿地公园

3. 可变色型

所谓可变,就是指灰色的混凝土、黄棕色的自然土地、绿色的植物等城市滨水区不同的物质构成,以不同的比例混合而形成可以变化的色彩(如图 1-1-4)。在现代城市滨水景观设计中,一般都是以可变色为主的,只要涉及滨水区广场的设计都是属于此种类型。设计可变色滨水景观需要以下资料:水利水文资料、防洪墙的技术处理问题、城市规划方面的资料、旅游活动资料等。[1]

图 1-1-4　上海外滩人工堤岸(摄于上海)

(二) 按不同的功能分类

根据不同的功能可以分为三种:

1. 自然生态型

这种滨水景观立足于对自然的全面保护,其一般看不见大面积的广场等现代的景观设计元素,它尊重生态自然,维持了陆地、水面及城市中的生物链的连续。它尽量保留和创造生态湿地,造就了微生物、鸟类、昆虫等的栖息之所。

近些年日益受游客喜爱的湿地公园(Wetland Park)就是很好的自然生态型滨水景观,每个湿地公园都有其自身的特点。常熟沙家浜生态湿地公园有着很浓郁的红色背景,革命样板戏《沙家浜》使其家喻户晓,沪剧《芦荡火种》是其前身,因此沙家浜湿地公园的芦苇荡是一大特色(如图 1-1-5)。而北戴河公园被誉为"鸟类的麦加",它是沿海滩涂湿地,面积达 50 多万亩,湿地公园内已经发现了 412 种鸟类,占我国总鸟类的三分之一,属于国家重点保护的就有将近

---

[1] 刘滨谊.现代景观规划设计.东南大学出版社,1999:7.

70种,每年吸引大量的国内外鸟类爱好者和鸟类科研工作者前来考察和进行学术研究(如图1-1-6)。

图1-1-5　沙家浜芦苇荡(摄于常熟沙家浜)

图1-1-6　北戴河湿地公园(摄于北戴河)

2. 防洪技术型

一般的滨水地区都要考虑其防洪的功能,因为滨水地区往往是洪涝灾害多发地区。防洪技术型的滨水景观设计不是说完全只进行防洪的设计,而忽略景观的设计,只是在设计的过程中,将防洪放在第一位考虑,所有的其他规划都应该尊重和服从防洪这一原则。像长江、黄河等沿岸都应该重点考虑其防洪功能,其次才可规划其他的设施和功能,上海的黄浦江和南京的秦淮河滨水设计也应当将防洪的功能作为重点考虑。

3. 旅游休闲型

在当今这种高效率和竞争激烈的社会中,人们常常感到身心疲惫,所以旅游休闲类滨水景观就应运而生,而且发展速度越来越迅猛。旅游休闲的滨水景观设计重点考虑城市空间与滨水地区的融合,使之更能适应城市居民的休闲活动和游客的旅游需求,杭州的西湖就是这种类型的典型代表。现在,越来越多的城市都兴建起滨水景观区,使市民有了更多的休闲去处。

三、城市滨水景观的功能

滨水景观区的功能应多种多样,而且不同城市的滨水带会出现一些具有城市特色的功能。如纽约的曼哈顿其重点就是一个金融贸易区,而一般的滨水景观很少有这种大规模的金融贸易区域。

(一) 水路运输功能

水路的运输功能包括货运和客运两方面。在古代,由于陆路交通不发达,水路交通成为一个城市最为重要的枢纽。而一些城市的滨水区,尤其是那些靠航运发达而繁荣的滨水区,由于近代陆路交通和航空运输业的发展,航运业不同程度地衰落了,同时工业本身的转变也是引起滨水区衰退的原因之一。但是在某些城市,水路运输还是起着很重要的作用,在意大利的威尼斯,水上交通支撑着整个城市的运输业,成为别的交通工具所无法代替的支柱。而泰晤士河是伦敦货物运输的一条重要通道,特别是承担着建筑用沙石和城市垃圾等大宗货物的运输。而在一些城市的滨水景观中,游船码头也成为滨水景观设计的中心,如重庆的朝天门广场就是围绕着六个游船码头所规划的(如图1-1-7)。

图 1-1-7　重庆朝天宫广场码头

（二）旅游娱乐功能

城市的水系往往成为整个城市绿地框架中的亮点，特别是城市的滨河地区更是城市绿化的一条脊柱，还被广泛地作为体育与娱乐活动的场所。由于人们对大自然的向往，所以滨水区往往能够聚集很多市民，在滨水区建设旅游娱乐设施是最为理想的。我国古代的风水思想就已经肯定了这一点，而且很多古城的滨水区都成为著名的名胜区，最为著名的应属以西湖十景著称的杭州和"一城山色半城湖"、"青山进城，泉水入户"、"三泉鼎立、四门不对"的泉城济南了。而巴黎以塞纳河作为城市的一条中心轴线，沿轴线分布着众多具有历史纪念意义、文化以及景观意义的建筑、公园和桥梁等（如图1-1-8），坐着小艇游览巴黎成为一个重要的旅游项目，为发展旅游经济提供了基础，改善了人们的生活质量。

图 1-1-8　巴黎塞纳河沿岸风光

（三）城市形象功能

在具有自然水体资源的城市中，几乎所有的城市规划者都会将滨水区规划成整个城市的形象代表，使滨水区的景观成为整个城市的标志性景观，为整个城市带来了不可估量的经济和社会效益。江南小城常熟以"七溪流水皆通海，十里青山半入城"作为整个城市的整体意象，沿河的建筑都保持着原有的苏州民居"粉墙黛瓦"的特色，创造了一个典型的小桥流水人家的江南水乡格局（如图1-1-9）；而上海滨水区的规划却是以国际大都市的形象出现的，黄浦江两岸刚建成的建筑都是充满了现代风格的高层建筑。

（四）生态功能

滨水区是整个城市生物圈中最为复杂的一个环节，因此，对于滨水区来说，尽量保持原有的生态种群是很重要的。在对城市滨水景观的设计中应该体现出滨水区的生态功能，在之后的章节中我们将详尽阐述。

图 1-1-9　小桥流水人家

四、城市滨水发展的历史和现状

水同阳光、空气一起形成维系生命的三大要素,对人类生活的各方面有着极其重要的影响。水对于城市生活来说,也有着多方面的综合价值,可以说,水是城市的生命,而滨水区则是体现这些价值的最佳地点。

（一）城市滨水区发展的历程

纵观世界各国的城市发展史,滨水区的发展普遍经历了从繁荣到衰落继而复兴的曲折过程。

1. 繁荣期

工业革命之前,由于生产技术比较落后,人们依赖于天然水源生活,河湖水系在城市中担负着重要作用——是城市生活用水的来源,是交通运输的主要手段,是保护城市的防线,是城市废物的排出通道,此外还起着调节气候、平衡生态的作用。生活便利,环境舒适,人们聚居于滨水地带,滨水区成了城市中生活情趣浓郁的场所;水运交通的发展,又使滨水码头成为城市物资与信息的集散地,进而发展成为熙熙攘攘的商业文化中心。滨水区凭借其优越的地理位置,一度成为城市经济发展最活跃的地区,是城市生活的中心地带,表现着城市的繁荣和文明。

2. 衰落期

产业革命后,滨水区面貌发生了翻天覆地的变化。特别是现代工业的诞生与发展,导致城市人口和用地规模不断扩大,生活用水和工业用水量急剧增加,于是水体成了最便捷的排污沟,大量污水未经处理便肆意排放,大大超过了水体的自净能力。一时间,臭水垃圾横流,滨水区的自然环境遭到了严重破坏。

交通技术的改进,使许多水道及其沿岸的码头、港口因不适应大吨位、集装箱化的运输要求而遭废弃,水运的地位开始下降。水体不再是带来财富的主要通道,滨水码头也不再是唯一的物资集散场地,城市的商贸繁荣区开始向铁路、公路车站周围和航空枢纽地转移。与此同时,仍有大部分现代工业、仓库业"赖水为生",大量占据滨水空间,使原本市民容易接近的场所变为不被世人所知的、单调丑陋的单位内部用地。上海的苏州河两岸,过去曾经是最繁华的地区之一,后来却因为水质污染、河道淤塞,变为上海环境质量最差的地区,抑制了周边地区的发展。

曾几何时,许多受市民喜爱、丰富生动的城市滨水区被冠以混乱、枯燥、肮脏的形象,成为人们不愿意也难以接近的场所。

3. 复兴期

20世纪六七十年代以来,人类社会开始向信息化时代迈进,城市生活再度发生了巨大变化,为滨水区的复兴奠定了物质和精神基础。

滨水区在衰落期遭废弃的大片土地一般都位于市中心,正好可以作为城市的开发用地。城市迫于人口增长的压力,开放空间不断减少,而可开发的空地又几乎没有,城市中废弃的港口、码头正是可以利用的对象。

随着城市产业的转变,工业重心开始从过去依赖港口的钢铁、化学类工业转向机械、电子类工业,滨水区不再是大工业和大面积仓库大量占据的场所,社会转型所提供的契机使滨水地区日益成为新的开发热点;水处理技术的发展,减少了水体污染,滨水环境得到明显的改善;城市生活余暇时间的增加和人们环保意识的觉醒,水体、绿化等自然要素在城市中的地位日益提高,滨水区以其环境、景观、情趣上的优势,再度成为人们关心向往的场所。

滨水区的开发正是在这种历史背景下产生与发展的。创造美好的滨水环境,满足当代城市生活的需求,是各类滨水区开发活动共同追求的目标。

(二)滨水景观开发的现状

我国许多城市依水而生、傍水而立,滨水资源十分丰富。据不完全统计,新中国成立初期64%的城市是临河设置的,还有相当一部分是沿湖、沿海发展起来的。滨水区建设也具有悠久的历史,并留下了许多宝贵财富。80年代以后,我国部分城市逐步开展了有计划、有目的的滨水开发建设活动。1984年,合肥市率先利用护城河进行了大规模环城公园建设,继而又有沈阳、西安、济南等城市的护城河公园建设,北京什刹海、南京秦淮河、古城苏州水网及城市水景的规划保护,接着是天津海河两岸、上海黄浦江外滩等地的城市滨水区改造。

应该看到,滨水区发展与城市社会经济发展水平密切相关,由于我国正经历工业化时期,经济比较落后,滨水区总体上仍处于衰落期。近几年个别经济发达地区的城市滨水区建设虽然取得了一定成绩,但就普遍而言仍远远无法满足人民生活的需要,滨水区发展仍然面临着严峻的形势和艰巨的任务。

(1) 绝大部分滨水区的土地仍然被传统性"赖水为生"的产业或"资源消费型"的水域活动所占据,市民一般无法接近。

（2）滨水区的环境比较差，掠夺性、破坏性活动仍在发生。一些城市以水体污染、用地紧张为由，将河道随意填埋或改成暗沟，使原本完整的城市水系成为"断肢残臂"。苏州城宋代有河道82km，现仅存35.28km，"三横四竖"的骨干河道也仅存"三横三竖"，城市河网密度由5.8km/km²下降到2.5km/km²，水乡风貌面临消逝的危险。

（3）对滨水区的掠夺性破坏导致水流域自然生态功能的失调，使许多城市遭受水灾的危险性加重。为了防洪，相关部门不得不在滨水区高筑堤坝，结果既造成了工程建设经费的沉重负担，又使水体与市民生活隔离开来，滨水空间品质下降。

（4）滨水区开发缺乏整体性、计划性和观念表达，目标单一，手法单调，滨水区的面貌千篇一律，无法展现滨水区的特色和城市风格。

（5）滨水区的所属权比较复杂，没有一个强有力的统一机构执行建设和管理，资金来源单一，用于日常维护尚入不敷出。

（6）滨水区建设的理论研究，多数仍然停留在滨水区功能或形式方面的个别探讨，缺乏系统地从社会、经济和环境等多角度综合研究，实践中带有较大的盲目性。

由此可见，滨水区在我国发展的前景不容乐观，我们切忌"临渴而掘井"，应该"未雨而绸缪"。

（三）城市滨水景观设计的目标

在网络时代，城市的飞速发展犹如一个计算机的硬盘，人们按照自己的意愿，利用计算机记录、疏导、清除着数据，但同时硬盘上也会不可避免地产生一些碎片，如果不加以及时清理，随着碎片的沉积，计算机就会无法继续正常、高效地运转，导致整台电脑的瘫痪。衰退的滨水地区正是城市规划中存在的碎片，这是城市发展的产物，这种碎片或者是物质形态的，如建筑物的拆除、区域的衰败；或者是非物质的，如人们的出行与活动不便，交通混乱，城市历史文化发展的不完善、不连续。这些非物质的要素也会反映到城市物质形态的构成上，而城市设计者的任务就是将这些碎片加以清理，从而创造一个高效、紧凑、舒适的城市空间。

在滨水空间的设计中，我们的目标之一就是加强滨水地区的经济活力并满足其作为公众活动的城市开放空间的社会职能。在实现其从工业服务到文娱服务的转化中，应着重治理水体的污染和对建筑的清理与利用，恢复滨水地区的自然生态环境，从而保护人类的聚居环境和生物的栖息环境，给蜗居于城市中的人一个与自然对话的场所。

滨水空间设计的另一个核心目标就是要实现滨水地区多元化的城市职能。许多城市的滨水地区，正是需要复兴的地区之一。对滨水地区的复兴应发掘其发展潜力，大量吸引公众和社会各界的关注、合作与投资，首先振兴滨水地区的经济环境，并由此带动整个地区文化娱乐活动的开展，给滨水地区注入新的活力。

第二节　城市滨水景观设计中应考虑的相关问题

城市滨水区的整体空间规划是由不同部门、不同专业的人来进行的，防洪与堤岸的建设规划由水利部门进行，岸边的绿化是由园林部门规划的，而环境部门制订河流污染和排污规划。

由此可见,滨水景观设计中涉及很多相关问题。滨水景观环境的规划应该是以景观设计师为主,先进行整体的规划设计,其他部门的人员在各个细节上运用其专业知识加以辅助。

一、滨水驳岸的处理问题

由于环境污染日益严重,污水治理和防洪措施对于某些城市的滨水景观来说,仍是一个严重的问题。

在防洪工程中,水体的驳岸是设计的一个重点,它是陆地和水体的交界线,代表了一种特殊的规划语言。驳岸的设计应注意何处平淡、何处精彩,但基本上应该将防洪和美观这两方面问题放在首位。

(一)处理驳岸应考虑的因素

驳岸的处理方法很多,但是一般应该考虑以下几点:

(1) 最小的干扰,即在驳岸稳固的前提下,水际处理得越简单越好。

(2) 保持水流平稳,避免阻碍水流和波浪运动。

(3) 使驳岸成斜坡状,并根据需要加以固定,在水流湍急或破坏性冲击力下可以起缓冲作用。

(4) 利用码头,为直码头或可自动调节的浮码头等提供船只进入适宜水区的通道。

(5) 避免滥用防波堤、丁坝等阻挡洪流,因为这会导致难以预料的结果或灾难性的破坏。

(6) 作最坏条件下的设计,考虑到记录在案的最高水位和最大风速对驳岸的推击力。

(7) 预防洪水,保持防洪能力的最低限度为50年一遇。

(8) 使用栏杆、防滑路面、浮标、标牌、路灯等方式确保安全。应用耐恶劣气候和耐水性强的材料,侵蚀和设备腐蚀一直是困扰滨水工程的大问题。

(9) 防止污染源进入水体,污染源应被截留和处理或提前过滤。

(二)驳岸的处理形式

不同的岸线形式可以创造出不同感觉的滨水空间。

1. 直立形断面

在很多驳岸规划中,由于受水利工程的限制很大,所以在设计时,只能使高水位和低水位间落差较大,有时防水堤也只能高过活动空间,所以亲水性特别差,更谈不上生态性了。

2. 退台式断面

亲水是人的天性。留恋于水天之间、徜徉在余晖之下无疑会令人心旷神怡。但很多城市的滨水区往往面临潮水、洪水的威胁,设有防洪堤、防洪墙等防洪工程设施。退台式断面就从根本上解决了这一问题,人们可以根据不同的水位情况选择不同的活动层面,滨水空间也得以扩大。悉尼歌剧院滨水岸立体处理和南京夫子庙滨水带处理(如图1-2-1)取得了良好的效果。此外,芝加哥湖滨绿地中也运用了退台式的断面处理,如图1-2-2的断面示意,按淹没周期,分别设置了无建筑的低台地、允许临时建筑的中间台地和建有永久性建筑的高台地三个层次,有效地解决了亲水性这个滨水区长期存在的问题。

图 1-2-1　南京夫子庙滨水带处理（摄于南京夫子庙）

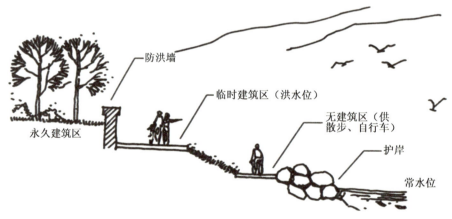

图 1-2-2　芝加哥湖滨绿地退台式断面处理

3. 生态型断面

生态型断面形式很有自然气息，能维持陆地、水面以及城市中生物链的连续，尽量保留、创造生态湿地。这就是我们讲的所谓的"生态驳岸"，在后面的内容中我们将重点讲述。

（三）生态驳岸

大规模的防洪排洪工程设施的修筑直接破坏了水陆植被赖以生存的基础，固化的驳岸阻止了水道与水畔植被的水气循环,因此,我们提倡生态驳岸的理念。

所谓生态驳岸就是指恢复后的自然岸线或具有自然岸线"可渗透性"的人工驳岸,它可以充分保证岸线与水体之间的水分交换和调节功能,同时具有一定抗洪强度。

1. 生态驳岸功能

之所以提倡生态驳岸,是因为生态驳岸除了护堤抗洪的基本功能外,对河流水文过程、生物过程还有很多促进功能:

(1) 滞洪补枯,调节水位。生态驳岸采用自然材料,形成一种"可渗透"的界面。丰水期,水体向堤岸外的地下水层渗透储存,缓解洪灾;枯水期,地下水通过堤岸反渗入河,起着滞洪补枯、调节水位的作用。另外,生态驳岸沙锅内的大量植被也有储存水分的作用。

(2) 增强水体自净。水体生态系统通过食物链过程消减有机污染物,从而增强水体自净作用,改善河流水质;另外,生态河堤修建的各种鱼巢、鱼道,造成的不同流速带形成水的紊流,使空气中的氧融入水中,促进水体净化。

(3) 形成多层复合式生态系统。生态驳岸对于河流生物过程同样起到重大作用。生态驳岸把滨水区植物与堤内植被连成一体,构成一个完整的河流生态系统;生态驳岸的坡脚护底具有高孔隙率、多鱼类巢穴、多生物生长带、多流速变化等特点,为鱼类等水生动物和两栖类动物提供了栖息、繁衍和避难场所;生态驳岸繁茂的绿树草丛不仅为陆上昆虫、鸟类等提供了觅食、繁衍的好场所,而且浸入水中的柳枝、根系还为鱼类产卵、幼鱼避难、觅食提供了场所,形成一个水陆复合型生物共生的生态系统。

2. 生态驳岸分类

生态驳岸一般可分为以下三种:

(1) 自然原型驳岸。这种堤岸主要采用植被保护堤岸,以保持自然堤岸特征,如种植柳树、水杨、白杨、榛树以及芦苇、菖蒲等具有喜水特性的植物,由它们生长舒展的发达根系来固稳堤岸,加之柳枝柔韧,顺应水流,增加其抗洪、保护河堤的能力。

(2) 自然型驳岸。这种堤岸既保留了原有的自然空间,又加以适宜的人工规划。在堤岸上不仅种植植被,还采用天然石材、木材等护底,以增强堤岸的抗洪能力,如在坡脚采用石笼、木桩或浆砌石块(设有鱼巢)等护底,其上筑有一定坡度的土堤,斜坡种植植被,实行灌乔草相结合,固堤护岸,这种驳岸类型在我国传统园林理水中有着许多优秀范例。

(3) 多种人工自然型驳岸。在自然型护堤的基础上,再用钢筋混凝土等材料,确保大堤抗洪能力,如将钢筋混凝土柱或耐水圆木制成梯形箱状框架,并向其中投入大的石块,或插入不同直径的混凝土管,形成很深的鱼巢,再在箱状框架内埋入大柳枝、水杨枝等;邻水则种植芦苇、菖蒲等水生植物,使其在缝隙中生长出繁茂、葱绿的草木。

二、保护原有动植物生态圈问题

在生态学上,生态交错带是指两种不同类型的自然环境的交界地区,滨水地带就是典型的生态交错带,因此滨水地带物质、能量的流动与交换过程非常频繁,生物种类也是多种多样的,滨水的植被表现为物种丰富、结构复杂的自然群落形式,这一生态系统中的能流、物流和物种常常沿水体岸线进行迁移。

城市滨水生态系统作为城市生态系统的子系统又有其独有的特点：一方面城市滨河地带不仅是城市文明的发源地，为城市提供大部分的饮用水、工业用水以及灌溉用水，同时也是大量鱼类、鸟类、小型哺乳动物、两栖类动物、无脊椎动物、水生植物以及微生物的栖息生境和迁徙廊道，这一点不同于城市内部核心区(core area)的人工生态系统；另一方面，由于城市滨河地带在城市中独特的魅力，往往又成为市民休闲集会的场所，与城市外围的流域相比，城市滨水地带的自然生态系统又属于受人类活动强烈干扰的自然生态系统，对其进行自然保护就更加困难了。

但是在对城市滨水地带进行规划的同时，又将其生态系统直接或间接地破坏了。在佛罗里达，所有海洋生物中包括小虾、龙虾、牡蛎和商业捕鱼类在内，至少有65%在其生命周期中有部分时间生活在潮汐水域和海岸湿地里，但是在过去的一个世纪中，全州一半以上的湿地已被挖掘、填埋或排干，造成了整个生态系统的大面积破坏，因此，保护生态系统的唯一方法是保护生物的栖息地。

要解决以上问题，就必须从根本上进行改变，包括保护天然野地和未破坏的自然河流，也包括保护和合理利用江河相关流域的土壤、植被、景观和有益于生态健康的自然状态。其方法有通过固定土壤、绿化和恢复侵蚀坡面与砍伐迹地的植被使耗竭的农场和城市废弃地重新创造价值。这样，才能使滨水地带成为绿色植被和蓝色清洁水体环绕的美丽风景带。

三、与周围建筑的联系问题

建筑是整个城市的灵魂，滨水景观也离不开建筑元素。建筑在滨水景观中的规划是至关重要的，一个成功的建筑设计可以使其成为滨水景观中的标志性建构物，但如果建筑在设计时偏离了规划的主题，则会严重影响滨水景观的意象质量。

在规划滨水区的建筑群时，应该注意以下几个问题：

（一）建筑的高度问题

所有的建筑都拥有一定的高度，滨水建筑的高度应该在设计时加以控制，这也是城市滨水区规划中的一个重要组成部分。

滨水区建筑的高度关系着滨水环境的视觉空间开敞和丰富程度，良好的高度控制能够保证滨水景观的通透性能，使人们能够在远处就被自然水体所吸引。而失去控制的建筑高度会使滨水区变得压抑沉闷，人们即使在很接近水域的地区也不会感到水体的存在。

滨水建筑的高度问题包括两方面，一方面是单体建筑之间的高度关系，一般是越接近水体的建筑高度应该越低，随着建筑物位置的退后，高度逐渐增加(如图1-2-3)，这样可以为更多的观赏者提供观赏水景的条件，而且还可以使单调乏味的水际线显得丰富生动；另一方面就是建筑与周围环境的高度协调，这主要是考虑建筑物与周围环境背景相互烘托的效果，以构成优美的韵律变化突出环境特点。

图 1-2-3 美国匹兹堡滨河建筑

上海黄浦江两岸的建筑高度原来是严格控制的,即使是后来的新建筑,高度与体量也有所限制,最大可能地保留了人们眺望黄浦江的视线通廊,而陆家嘴金融贸易区为了经济发展的需要,在不到 10 年的时间内建起了近百幢高层、超高层建筑,由于未能对建筑间距进行视线分析,有意识地留出视线通廊,为在腹地生活、工作的人们走近自然水体设置了一道人工屏障,令人感到遗憾。

(二)建筑造型风格

建筑造型及风格也是影响滨水区景观的一个重要因素。就像人们在轻舟荡漾之际,仍然能够很清晰地分辨出是身处江南水乡(如图 1-2-4)还是在水城威尼斯(如图 1-2-5),这是因为河岸两边的建筑有其特有的风格。

图 1-2-4 苏州民居粉墙黛瓦(摄于苏州)

图 1-2-5 威尼斯大运河畔的格里蒂宅

在加拿大温哥华市的格兰威尔岛改造的时候,设计师注重建筑风格上的和谐与统一。为了尊重格兰威尔岛的历史延续性,规划师们在进行改造规划设计时,不仅保留了相当数量的原有工业建筑,而且在新的建设中有意识地增添和强化了其工业建筑的特点,加以修饰和润色。例如,多数建筑物临水布局,建筑本身采用锡铁或拉毛水泥墙面,部分设备被保留在建筑内外,于是传统的工业特色被保留下来,并与现代的商业和文化活动有机地融合在一起,使人们在今天的城市生活中不时产生对历史的联想。

而在我国上海的黄浦江两岸，建筑风格有着明显的差别，形成了新老建筑风格的对话。浦西的建筑，基本上建于19世纪末20世纪初的半殖民地时期，属于西方古典复兴与折中式建筑，建筑的界面非常完整与清晰。20世纪90年代陆家嘴金融贸易区迅速崛起，高层写字楼与对岸的历史建筑隔江相望，既是一种鲜明的对比，又共同融入上海国际化大都市的空间形态中。虽然从对岸看，两岸的城市轮廓线各具特色，然而当乘坐轮渡不断接近岸线时，浦西一侧的西洋古典建筑由于精雕细刻的细部设计，仍然给人一种美感，相反，浦东一侧的建筑则由于缺乏细部的推敲而显得粗糙和凌乱，这或许是后现代建筑群的通病，缺乏整体性和统帅全局的建筑格调，又缺乏由近及远的丰富层次性。

除了整体的风格把握外，在建筑的细部处理上也要考虑营造整体的风格，如对建筑的色彩、材料、山花、檐线等都应该考虑到。建筑的平面形状主要是针对高层或超高层建筑而言的，这种建筑在上、中部应该避免建筑物对景观遮挡的板式建筑。

（三）建筑布局

滨水地区从来都是城市建设开发的热点地区，所以一些滨水区密密麻麻高耸的巨大建筑物如铁桶般紧紧箍住水体，使整个滨水区显得既杂乱无章又死气沉沉。如图1-2-6是1910年的曼哈顿全景与其20世纪90年代的对比，不管是建筑的密度还是高度都有很大程度的提高，因此对于滨水区两岸的建筑要进行合理的规划。

图1-2-6a　20世纪90年代的纽约曼哈顿鸟瞰

图 1-2-6b　1910 年的纽约曼哈顿全景

建筑的布局分为总体的布局和外墙位置的界定。

建筑总体的布局要充分考虑临水空间的建筑与街道、周围环境等的合理性,留出能够快速而容易到达滨水绿带的通道,而且要注意过密的建筑物会阻碍水陆风向城市纵深方向延伸,大大减弱城市其他区域与滨水区之间的空气交换过程,这样很不利于城市空气污染和热岛效应的缓解。

建筑临水一侧的外墙与水边空间的距离也要进行合理的控制和规划,以保证滨水空间开敞,形成亲切的近水空间。它包括底层部分的外墙位置和在一定高度以上的退后要求,因各滨水区不同,这一控制指标相差很大,在 3~50 米之间变化。而且外墙位置的平面轮廓也不能一成不变,要有起有伏,错落有致,这样能够丰富街道的立面效果。

要处理好建筑与建筑之间的间距问题,以保证滨水景观的通透性和层次性。在滨水区适当降低建筑密度,注意建筑与周围环境的结合。在日本神户市,滨水区更新中控制间口率(建筑面宽/基地面宽)在 7/10 以下,以保证滨水景观的通透性和层次感,保证滨水区和城市内部有一种视觉上的延伸关系,从而在城市内部可以领略到滨水景观,并可延伸至远处。

(四)底层开放问题

这是当滨水区位于城市的中心地带,用地紧张、建筑密度大、层数高时常采取的控制措施,要求把底层作为公共活动空间,以提高滨水空间的容量,增加开敞感。最常见的建筑处理手法是底层架空。日本一位专家提出过"内庭型开发"的构想,把中庭的概念引入滨水区规划设计中,旨在创造"自然、人工、人情"三者有机结合的"全天候"公共环境。另外还可将底层架空,使滨水区空间与城市内部空间通透,这不仅有利于形成视线走廊,而且形成了良好的自然通风,有利于滨水区自然空气向城市内部的引入(如图1-2-7)。

图1-2-7 苏州金鸡湖边的主体建筑——东方之门(摄于苏州金鸡湖畔)

(五)建筑群构成的天际线

在滨水区景观中,人们常常可以在水上、桥上或岸边远眺,因此在设计建筑的时候,应该对远景、中景的整体规划加以重点考虑,使人们看到一个优美的建筑群整体与自然交织在一起的天际轮廓线构成的城市景观(如图1-2-8)。此时,对建筑的大体量处理、建筑群的天际轮廓线的合理组织显得尤为重要。当观赏者在较远的距离观看时,城市轮廓线往往表现为最外层的公共轮廓线是剪影式的。而当视距到了一定范围时,建筑轮廓的层次性便显得相当重要。再近一些的视点往往使观赏者对建筑物的细部甚至广告、标志和环境小品都能一览无余。所以,对滨水区的建筑实体进行设计时,不但要合理组织大体量的天际轮廓线,也要进行细部的推敲,并要突出一定的层次性。

图 1-2-8 从浦西外滩边远眺浦东陆家嘴天际线（摄于上海黄浦江畔）

在进行总体的城市规划时，对滨水区的建筑也要进行细致的设计，这样建筑物就能够在沿岸形成最佳的观景点，甚至能够成为标志物，形成统一、优美的建筑轮廓线，达到最佳的视线效果。

四、交通流线问题

"珍珠尚须线来串"，道路是滨水区的线性构成骨架。

交通系统的功能就是为城市居民的各种出行活动提供必要的条件，而滨水地区往往是城市中最有吸引力的地段，因而往往也是交通最集中、水陆交通工具换乘的地方，故交通组织比较复杂。

滨水交通的组成很复杂，包括人行道、自行车道、机动车道、码头、公共交通停车站等，有时甚至会出现铁路、轻轨等交通工具，为了给城市居民的观赏提供便利，应该进行合理的交通规划，改善以至优化城市交通条件，并创造良好的城市环境。

（一）交通方式的分类

根据各类交通方式的特点，交通方式可分为自由类交通方式、条件类交通方式以及竞争类交通方式三种，这三种交通方式有不同的影响因素。

1. 自由类交通方式

自由类交通方式主要是指步行交通，只要人们的身体条件许可，均可自由选择步行作为其出行方式，而且在滨水景观中，人们为了欣赏自然水体所带来的美景，必须使用步行的方式，因此在滨水景观中，滨水的步行道设计是至关重要的。

2. 条件类交通方式

条件类交通方式主要是指单位小汽车、单位大客车、摩托车、私人小汽车等交通方式，人们不能自由地选择这类交通方式，只有特定的人员或因特定的目的才可以选择这类交通方式，而且在滨水区，人们只是利用这种交通方式到达滨水地区，而不会将其作为滨水景观内的交通方式。因此，在设计这种道路的时候，只需考虑其与外界的联系问题，使其能够便捷地得以从城市的各个地区到达滨水区。

3. 竞争类交通方式

竞争类交通方式包括自行车、公交车、出租车、卡车等，人们对它们的选择是通过比较其便利程度来确定的。在滨水区中，如果是较长的滨水带，有些游人常常会骑自行车进行游览，如在苏州金鸡湖的滨水景观区中，就有双人和三人的自行车出租，方便来湖边游览的游客，这一项服务深受青年人特别是情侣的喜爱，在湖堤旁两个人一起骑着脚踏车，耳边吹着湿湿的湖风，确实是一种享受。公交车、出租车等一般也只是到达目的地的一种手段，在许多人特别是年纪比较大的人眼里，出租车是一种比较奢侈的交通工具，因此公交车就成为大多数城市居民到达滨水区的主要交通工具，公交车的路线和车站的布置就直接影响到人们进入滨水区的便利程度，在某些比较发达的地区，滨水区还可能出现地铁、轻轨等交通工具。

（二）城市滨水景观交通规划的实例说明

以上我们简要叙述了各类交通工具的功能，下面以美国丹佛市普拉特中央谷地（Central Platte Valley，简称CPV）的交通规划来说明城市滨水区复杂的交通组织。

在CPV地区拥有多种交通方式，包括铁路、公共汽车、机动车、自行车以及步行道等。CPV地区交通规划的主要目的是：在河谷的中心地区建立多种交通方式的换乘中心，建立CPV地区内部的机动车交通体系与通往商业区的通道，使丹佛市联合终点站（Denver Union Terminal，简称DUT）成为铁路及附属服务的中心，建立CPV地区与商业区之间的轻轨连接，把次商业中心的道路网络延伸到北部的谷地地区。

CPV的开发规划在组织机动车交通的同时，考虑了多种交通方式及它们之间的有机联系。

1. 铁路、公共汽车及机动车

CPV地区交通规划的主要改变是建立了坐落在DUT西北的综合交通中心。这个综合交通中心将为区域性的公共汽车和环线车，从飞机场通向商业区的轻轨铁路东南和西南向的乘客提供一个换乘的中心；综合交通中心的另一个重要作用是具备大容量的停车空间，它的建立将把不同交通方式的换乘集中在靠近DUT的地点进行，以保证将来DUT作为丹佛市进入中心商业区的要道。

2. 自行车路线

自行车交通系统规划的指导标准是安全、方便并与已有体系共同发展。切里克里克和南普拉特河沿线的连续的开放空间是对现有的沿南普拉特河绿带和切里克里克自行车线路的补充，在河谷内形成纵横交错的网络。在这个交通网络中，许多线路都与机动交通相分离，但是由于可达性的需求也经常与机动车混合利用街道。

这种明确的自行车网络为分区间及分区与周边地区之间提供了又一种联系方式，并加强了与特定的休闲娱乐设施和周边地区公园及开放空间的联系。

3. 步行线路

在这里步行系统并不是一个附属系统，而是一个独立的系统，使它能为在CPV地区居住或工作的人们提供步行的选择。因为公园及其他开放空间总能提供最舒适的步行环境,步行线路的选线将与开放空间体系紧密结合,使它们具有更高的安全性及方便性。

已建立的主要步行路,如第 16 大街和切里克里克路被作为步行的主干线,次一级的步行路将与此相连,并形成网络系统。这些步行路将使 CPV 地区各分区与周边地区建立有机联系,并为到娱乐设施及重要的公园和其他开放空间提供边界的可达性。

在滨水景观中,有一项很特殊的交通方式就是水上交通,这种交通组织起来比较方便,只要在合适地段设置游船码头就可以了。但是陆上那些不同形式的交通工具要有机地结合起来不是一件容易的事情,为了简化交通,国外一般采用过境交通与河滨地区的内部交通分开布置的方法。如芝加哥、巴黎的德方斯新区往往将过境交通放在地下,与地面上的内部交通分开,地铁过河时往往架桥而过。还有的地区以高架人行道、高架轻轨交通连接市区和滨河区。至于步行道组织,大多采取滨河步行道沿河设置,将内外交通合理连接。国内滨河区的交通组织往往将陆上机动车交通与滨河步行交通放在同一平面,而滨河区的交通组织,如要不要建运河大道问题还在讨论和探索之中。目前比较认同的是:滨河区的交通组织要结合该地区的旅游设施及景点分布,并将滨河交通与城市主次干道水陆交通进行便捷的组织和联系。

第二章　城市滨水景观的艺术设计

第一节　城市滨水景观的空间营造

一、空间的概念

老子曰:"埏埴以为器,当其无,有器之用。凿户牖以为室,当其无,有室之用。是故有之以为利,无之以为用。"这可能是我国最早对空间的阐述。

所谓空间,不仅仅是一种洞穴,一种中空的东西,或是"实体的反面";空间总是一种活跃而积极的东西。空间不仅仅是一种观赏对象,而特别就人类的、整体的观念来说,它总是我们生活在其间的一种现实存在。

二、影响空间感知的元素

(一)实体元素

人们对于一个空间的体验离不开围合空间的六个界面,在城市外部空间中,人们主要能够感受的是空间的五个围合界面,而在这五个界面中,垂直界面和底界面起着相对重要的作用。

在城市滨水景观的底界面中,地面图案和材质是设计的重点。而在四个垂直界面中至少存在一个开敞的界面——自然水体界面,剩余的几个界面一般都是由建筑物所产生的实体界面。

垂直界面的变化可以通过两种手法来实现:

一是通过地面标高的变化形成多变的立面外观。如在上海陆家嘴滨江大道设计上,为使滨江大道既能美化生态环境,创造良好景观,又兼具防汛功能,并考虑工程施工条件及陆家嘴中心区道路交通规划要求,滨江大道的断面组成采用地下厢体断面方案,按黄浦江防汛标准,滨江大道的顶标高应≥7.00m,临江一侧成斜坡形,结合黄浦江水位标高的变化特征,沿斜坡分设三层平台(标高分别为4.00m、5.80m及7.00m处),用作沿江通常人行步道,以便游人在不同的高度上观光、游览,亦可丰富滨江景观特色。

另一个改变垂直界面的重要手法就是通过实体围合界面——建筑物的多变来构成,如建筑的高度变化、建筑物接地的处理、主体建筑物的凹凸变化以及建筑物上饰物如装饰线轮廓等的变化来构筑丰富多彩的滨水空间围合界面。如重庆市朝天门广场就是利用建筑物高度的变化丰富了滨水空间,使人们能够从不同的高度感受到景观变化。重庆市朝天门广场的观景广场位于朝天门北端两江交汇处,它依山就势,分三层建筑,最下层为码头专用道(高程180m),中间层布置航监站指挥台(高程188m),顶层标高为平客运大楼前道路标高(高程200m)。顶层为观景广场的主广场,下部架空形成三层室内空间,并设有楼梯与室外楼梯联通,平台下部安排有商业用房和管理用房,188m平台以楼道与180m的码头专用道衔接。

（二）抽象元素

1. 心理

人类的心理活动是十分复杂的,在感知空间的时候,所运用的也是一种综合的心理活动,它受很多方面的影响,包括形状、光线明暗、色彩和装饰效果等。人们在感知空间尺度的时候总是和自身所熟悉的物体相比较,而自然水体就成为滨水空间中人们认知空间的参照物,因此,滨水景观中所有景观的尺度都是以水体的比例来衡量的。

形状对于人们来说最具有心理感受影响力。小空间具有私密性和围护感强的特点,大空间则具有舒展和开阔感,但空间过大就会显得空旷,使人产生孤独感;正方形、正六边形、圆形等规整平面由于形体明确,使人产生向心感和安定感;纵向设置的矩形平面一般具有导向性,横向布置的矩形平面具有展示、迎接的空间意向;三角形平面和空间会形成透视错觉,产生空间变形;一些不规则形状,如任意的曲面、螺旋形等使人感到空间的自然、活泼。

2. 视觉

人体的感官在感知空间方面各有所长,其中视觉在人体对空间的感知中占有主导性地位。一般情况下,人眼的视力功能(视距和视野)具有生理的局限性。在平视情况下,人眼的明视距离为25m,这时可以看清物体的细部;当视距为250～270m时可以看清物体的轮廓,至500m时只有模糊的形象,而远到4km时则看不清物体。人眼的视角是一个扁的椭圆锥形,由于人眼是双眼工作,其垂直方向的外围视角为85度,水平方向的视角为140度,最敏感区的视角只有6～7度。

有效运用上述视距和视野的基本原理,可以更好地感知外部空间和进行城市空间设计。如意大利圣马可广场,钟塔距西南入口约为140m(广场深度为175米),当人们由西入口进入广场时,便能从券门中看到一幅完整的广场画面。这时塔高(99米)与视距的比例大约为1∶1.4,可以获得欣赏钟塔的理想画面(如图2-1-1)。

图 2-1-1　圣马可广场透视（摄于意大利威尼斯）

3. 时间和运动

空间与时间的联系在城市规划中往往被设计师所忽视。对于空间时间感的设计确实很困难，因为它具有较难控制的运动序列，杭州的西湖在这方面却做得十分到位，西湖的春夏秋冬都给人以不同的感觉，这种随着时序转变而产生景观变化的滨水景观是古代设计师精心安排的杰作，在现代设计中应该得到更好的借鉴和利用。

"移步异景"是中国古代园林设计中一种创造意境的重要手法，在滨水景观空间创建中也得到了很好利用。随着生活节奏的加快，特别是交通工具的改进，现代人更多时候处在动观之中，因此，就更强调一幅画面与另一幅画面的连续和过渡，强调运动路线和运动系统的设计。在滨水空间中，由于有大面积的水面作为背景，虽然自然水体给人的感觉是美好的，但是如果长时间观赏也会使人产生疲劳感,所以在设计的时候就应当弱化这种呆板的空间组合。

三、城市滨水景观空间构成的艺术手法

空间的过渡、空间的流动与渗透特征使整个城市的滨水空间显得多变但有章法,而滨水景观中有一种特殊的空间构造手法就是虚复空间的运用,这是指真实空间与滨水景观中自然水体的倒影所产生的虚复空间的组合,一虚一实两个空间的交错产生多变的空间意象,观赏者在这样的意象元素组合中会产生多样的意境,这一点我们在阐述意境的章节中会详细分析。

城市空间主要包括城市中大大小小的绿化空间(Green Space)、开敞空间(Open Space)以及各种形式与尺度的街道,它们共同构成了城市生活的联系体系。如果把它们与自然山水环境有机结合,构成人们可轻易亲近山水的城市空间,其表现力和感染力将会倍增。

(一)空间的组合

在滨水景观设计时,要将多种空间有机组合在一起,形成整体的滨水景观,这些空间包括:自然水景、广场、街头绿地、道路等。一般来说,严格按照四方建成的空间可能只有两三个不同特征的景色,通过不同的空间组合才能产生多视角的不同空间感受。

(二)空间的渗透

空间的渗透在风水学看来是对外气的导引,是对地灵之气的补充,从而平衡阴阳。在滨水空间中,建筑与山水共存,空间的相互渗透在人的生理和心理上具有放松空间的效果,也使整个空间变得宽松、开敞、通透,实现私密空间向公共空间的转换。

在人的行为心理学中,私密空间和公共空间有着明显的差异,空间的渗透可以良好地控制私密空间以及公共空间的渐变关系。如图2-1-2,四周花坛的围合形成了一个半私密的空间,但是形成的空间也不是完全封闭的,而是使用了空间的渗透关系,使人们在这个空间中既能够欣赏美丽的水景,也可以与亲朋好友进行比较私密的交谈,而且花坛本身也美化了滨水地区。

图2-1-2 半封闭花坛设计

(三)空间隔断

空间的隔断是多种多样的,可以是完全封闭的隔断、半隔断以及利用材质、色彩、地面标高的改变等手段使人在心理上产生空间改变的虚空间隔断。

完全封闭的空间隔断一般是利用建筑实体完成的,半隔断可以是栏杆、低于1.5m的木栅栏等,而中国的门楼、牌坊等是一种垂直的线性要素一字排列而成,也具有划分空间范围和导向的功能。

空间的隔断不是机械的,它可以是实体本身的隔断,但更重要的是要靠组成空间的各种元素的不断变化产生的心理上的隔断。虽然我们可以感受到实体的隔断,但是有些实体的隔断会对滨水景观的整体布局产生阻隔视线的影响,因此我们不主张在滨水景观中过多地运用实体的阻隔,另外水体一般都是在最底层的平面上,很少有像"黄河之水天上来"的奇景,所以在滨水景观中更应该慎重考虑视线的通畅性,这就需要设计师更好地利用各种软元素来对空间进行隔断(图2-1-3)。

(四)空间的流动

空间的流动通过轴线关系来表达,它分为两种方式,一种是直接的实体围合的引导,如街道的开辟、不同空间的相套;一种是对心理空间流动的导引,如视线的对景与转换。空间的流动性,使传统城市的建筑和环境空间表现出沿轴线向四方生长的特性。

图2-1-3　分割空间的高大乔木林荫道(摄于苏州独墅湖畔)

第二节　城市滨水景观的造型运用

在造型艺术中,形是由点、线、面、体的运动、变化组合而成的。点、线、面、体的区分取决于一定视野或它们相互对比的关系。点,以其位置为主;线,则以线的形态、长度和方向为主;面,则以其形态及面积为主;体,是以其体积为主。在造型艺术中,它们各有其独特的魅力和作用。

在滨水景观设计中,如何运用好点、线、面、体的结合,创造出独特的意境是具有挑战意义的,只有将点、线、面、体诸多元素的体量和位置关系整体考虑,才能进入崭新的意境。

一、点在滨水景观艺术中的位置及美感形式

点,在几何学中不具备面积、大小和方向,仅仅表示其位置而已,但是在造型学上,点作为形态构成的要素之一,有其面积的变化。点的分布可以是平面的组合、立体的组合,而且点也可以具有不同的形状,如三角形、球形、圆锥形等。点的移动或排列,不仅具有鲜明的语义提示,也具有时间性和方向感。点的有规律的组合可以产生节奏感和韵律感的线,点的集合也可以组成面,在线的两端,线的曲折点、交叉点、等分点等处,都能感觉到点的存在,在多角形的顶点也能感觉到点,对于正边形或圆形来说,其中心就暗示着点。点具有构成重点、焦点的作用和聚集的特性。点根据其大小及背景的色差被辨认的程度会有不同,正是由于这些变化的组合规律,"点"才散发着令人惊叹的艺术魅力。

在滨水景观设计中,点的运用大致可以归纳为以下几种类型:

(一) 运用点的聚积性和焦点的特性,创造空间的美感和主题意境

点,具有高度聚积的特性,而且很容易形成视觉的焦点和中心。在滨水空间中,由于以大面积的自然水体作为背景,因此更能体现出点景观的聚焦作用。苍山绿水中的一座空亭,一座高楼,一座宏伟的大桥,均会显得格外醒目,游人会不约而同地向它们靠拢。在广场中心和路的尽端或转弯处,都可以安置点造型的景观,如杭州钱塘江畔的六和塔(如图 2-2-1)、上海浦东

图 2-2-1　杭州钱塘江畔的六和塔(摄于浙江杭州钱塘江畔)

陆家嘴的东方明珠电视塔、武汉长江边的黄鹤楼等,既是极重要的观赏点,同时又是名胜之地的中心和主要景观。

滨水景观中的点景观不仅仅局限于构筑物,一株造型奇特的乔木、一个装饰精美的花坛都可以成为滨水景观中的亮点,因此在构思设计时,要极其重视点的这一特征,要画龙"点"睛。

(二)运用点的排列组合,形成节奏和秩序美

在滨水景观中,点不仅仅是静止状态的点,还存在着大量的点的运动,点的分散与密集可以构成线和面,同一空间、不同位置的两个点之间会产生心理上的不同感觉,就像五线谱上的音符——点,疏密相间,高低起伏,排列有序,作为视觉去欣赏,也具有明显的节奏韵律感。在滨水景观中将点进行不同的排列组合,同样会构成有规律有节奏的造型,表示出特定的意义。排列整齐、间隔相等的行道树,将人们所期望的秩序井然的心态统一起来,这是一种秩序美,高低起伏、迂回曲折、疏密相间、形状颜色各异的卵石小径,那石块犹如乐谱里的音符,欢快翩翩,穿插在各度空间,好似一首优美的乐曲,将游人引入诗一般的境界。当一步步跳过水面的汀步时,又似在弹奏一首清脆悦耳的钢琴曲。这里的行道树、卵石块、汀步等,就是特定的"点",它们的排列组合产生了节奏和韵律,给人们带来了愉悦的心情和美的享受。

(三)散落的点构成的视觉美感

散点构成,如同风格多样的散文、旋律优美的轻音乐。"散点"并非零乱,而是散而有序,若断若续,活泼多变,连贯呼应的一个整体。

散点,在城市滨水景观中的运用多为绿化植物的分布和一些诸如石块、雕塑的布置。在滨水景观中,树群的布置不可过密成片,以影响游人观赏自然水体,要有疏密变化,才能显出其情趣。如果与草地相结合,则成为疏密相间、三五成丛、自由错落的"疏林草地",这就是典型的散点构成,运用这种方法设计的绿化,景色自然优美,高低起伏,变化多姿。夏天可以遮阴蔽阳,冬天又不影响沐浴阳光,是市民最喜欢的活动场所。

(四)点的陪衬与点缀

点,作为"焦点""中心"均有唯我独尊之势,若作为"陪衬"或"点缀"就很谦虚了,从不喧宾夺主。如建筑与建筑间补漏的绿化小品,在无意中随意布置的休息椅等,虽然看上去都是在不经意间摆放的,但有些确是设计师精心安排的。比如说休息椅的设计,有些就从造型、布局上进行了十分精细的设计,点缀出滨水景观的美,如浓荫下的"树墩"座,草坪中的"蘑菇"墩,水岸旁的"石矶"等,都构成了幽雅野趣的一角,点缀和丰富了滨水空间。

滨水区的环境设施也应该作为一种"点"来点缀空间,路灯、路牌、垃圾箱,甚至一块告示牌,都应该规划设计,使其与整个空间协调,陪衬烘托出整个空间的意象。

由上可知,"点"在滨水景观设计中的艺术表现力是毋庸置疑的,我们在滨水景观设计中应继续挖掘"点"的表现力和感染力,在滨水景观设计中重视"点"这个最基本的造型要素,以激发灵感,记录下艺术思维中的每一个闪光点。

二、线的特征及在城市滨水景观艺术中的重要作用

线是点移动之轨迹,点与点之间的联结,面的交界交叉及边沿都能看到或暗示着线的存在。在几何学中,线无粗细,但在造型活动中,线同样具有粗细宽窄和长度。长度是线的主要

特征,只要点的移动值远大于点,即可称其为线,太短或过分增加线的宽度,线就可能变成点或面,又细又长的立体,可以是绿篱、围墙、长廊或道路,线的移动、线的集合可以成为面,线的疏密排列具有进深感或立体感,线分直线、曲线,还有具有节奏韵律的线、整齐有序的线。

在城市滨水景观中,线的表现最充分也最丰富,线的应用是否得当,决定着滨水景观的"生命",我们对滨水景观中的直线、曲线等特征,分别加以分析。

(一)直线在城市滨水景观艺术中的应用

直线在造型活动中常以三种形式出现,即水平线、垂直线和倾斜线。

水平线平静、稳定、统一、庄重,具有明显的方向性。如规矩方圆的花坛群在直线和曲线或绿篱的分割、组合下,构成精美的图案,造成一种统一和温馨的感觉。

在滨水道路方面,绿化带以水平直线的形式分布于整个滨水区,直线在这里联系和统一着整个滨水空间的"点"和"面",使道路美观整洁。不但给人们以美的享受,同时在组织交通、保证交通安全方面起到了重要作用,使人们有一种秩序感和安全感。

这儿我们要特别提到一点,规则的水岸是滨水空间造型中的一条特殊的直线造型,它是滨水空间水陆分界线,也成为滨水景观造型中最吸引人的一条"线",多变的水岸设计也为滨水景观增添了风采。

垂直线给人以庄重、严肃、坚固、挺拔向上的感觉,在滨水景观中,常常用垂直线的有序排列造成节奏、律动的美,或加强垂直线以取得形体的挺拔有力、高大庄重的艺术效果。如用垂直线造型的疏密相同的水边的护栏及各式围栏、护栏等,它们的有序排列图案会形成有节奏的韵律美。

斜线有较强的动感,具有奔放、上升等特性,但运用不当也会有不安定和散漫之感。滨水景观中的雕塑造型常常用到斜线,此外也常用于打破呆板沉闷而形成变化,达到静中有动、动静结合的境界。

(二)曲线在城市滨水景观艺术中的重要地位

曲线在城市滨水景观设计中运用最为广泛,滨水空间的建筑、绿化、水岸、桥、廊、围墙等,处处都有曲线的存在。

曲线分两类:一是几何曲线,另一种是自由曲线。几何曲线的种类很多,如椭圆曲线、抛物曲线、双曲线、螺旋线等,不管那种曲线,都具有不同程度的动感,具有轻松、含蓄、优雅、华丽等艺术特征。

曲线,在有限的滨水空间中能够最大限度地扩展空间与时间,特别是在地势起伏的滨水空间中,曲折的道路营造出一种含蓄而灵活的意境,而这些就是"曲线"那奇妙的魅力所造成的。值得注意的是,曲线设计切忌故作曲折,矫揉造作,要顺其自然,曲折有度,灵活应用,这样才能引人入胜。曲本直生,重在曲折有度,曲线是美的线,但在表现时必须符合美学法则,同时应尽可能展现线的美感特征。在线条的起、承、转、合中表现出线的气韵、线的旋律、线的动态等。

城市滨水景观中的曲与直是相对存在的,曲中寓直,曲直自如,美学理论中常说的"刚柔相济",古代哲学的"天圆地方"都含这个意思。

综上所述,线在城市滨水景观设计中起着贯穿全局、统筹全局、联系全局的重要作用。

三、城市滨水景观中的面

面是线的封闭状态,不同形状的线,可以构成不同性质的面。在几何学中,面是线移动的轨迹、点的扩大、线的宽度增加等也会产生面。面有二次元的平面、三次元的曲面,因线无粗细,故面也就没有厚薄。通过面的移动,面的三次元组合而形成立体。城市滨水景观几乎都是由广场、草坪、水面、树林、建筑群等形式的面构成的,而完成其功能的却是花、草、砖、石、树、建筑、水面等点、线、面组合的具体造型。在视觉传达中,作为面的效果更强烈,在面的构成中,应考虑面的配置、分割以及所处的空间。

我们在城市滨水空间的平面布局设计中,只取其"面"是线的封闭形成及"无厚薄的面"这一概念和性质。

(一)几何形平面在滨水景观中的应用

几何形平面包括直线形平面和几何曲线形平面,在城市滨水景观中一般都是两者同时存在的。几何形平面可以分为对称规则型和不对称形两种。对称型的平面一般出现在比较庄重的场合,如一些纪念性的广场,直线形的组合能够烘托一种肃穆、庄严的气氛。直线形平面广场最忌空旷、单调而冷酷无情,因此,应该以方圆造型的花坛、雕塑等来美化装点广场,使游人在规矩方圆之中产生安全、依赖的秩序感和亲切感。

在滨河、滨江地区,水面也形成了几何形的平面,水中的倒影增加了空间平面的层次感。

(二)自由曲线形平面在城市滨水景观中的应用

与几何曲线平面一样,自由平面在城市滨水景观中的地位也是举足轻重的。

自由曲线形平面充满自由、流畅、优雅、浪漫的情调,波光粼粼的水面、翠绿如茵的草坪、舒展的广场、传统或现代的建筑群落,是构成整个滨水区的重要元素。

在滨湖、滨海空间中,也存在着自由曲线形的水面,池岸随势随形,水面或动或静,波光粼粼,勾勒出曲折窈窕的水面轮廓,形成园林中开朗明净的空间,周围山石垂柳倒映成趣,一叶扁舟穿行于桥梁的倒影之中……这些动与静交织的画面更显出滨水区的自然幽雅,这是只有在自然水体中才能体现出的特殊意境。

滨水空间中的草坪是另一个重要的"面"的组成,如同一张绿色地毯,使人豁然开朗,心旷神怡,人们可以在此野餐、打球、散步,同时在草地上尽情地欣赏风光。

综上所述,"面"从形式上分,有活跃热闹的、安静幽雅的、开阔明朗的,它们之间动静的对比、幽野的对比、大小的对比,在平面布局中与点和线共同构成合理的具有现代艺术感的滨水空间。

四、城市滨水空间中的"体"的实现

从宏观上讲,滨水景观可以是一个二次元的平面,也可以是一个三次元的立体,而从微观上讲,它又是由许多不同造型的立体综合而成的,因此我们可以认为滨水区的设计是平面设计,也可以说是立体造型,更可以说是空间组合。滨水空间设计的步骤一般是:平面布局—立体造型—空间组合。在构思时均需通盘考虑,不可截然分开。

滨水空间中的"体"是由多个面组成的,但也可以是由点、线堆积而成的,只有结合现代设计理论,将点、线、面元素有机地结合在一起,仔细推敲其在平面上的位置、立体中的构成、空间中的

组合,使它们在虚实气势上达到平衡,在疏密大小上恰到好处,然后选取最佳"构成",作为设计方案来进行整体规划,才能实现滨水景观中"体"的完善组合。

第三节 城市滨水景观中的灯光效果

城市景观照明设计的最终目的,不是以夸张的照明来进行炫耀,而是以灯光为手段营造一个舒适怡人的都市空间,将极普通的景致变成迷人的夜景。[1]

滨水景观的照明更能体现这一特点,夏日的夜晚,漫步在水边,吹着凉丝丝的微风是一件十分惬意的事情,如果再加上美轮美奂的灯光的衬托就更有一种引人入胜的意境了(如图2-3-1)。

图 2-3-1 隔着黄浦江看浦东的夜景,高高耸立着的是东方明珠塔(摄于上海)

一、设计原则

滨水景观照明一般是采用室外照明技术,用于道路、广场、建筑物和景观设施的照亮。它也有很多原则可以遵循:

(1) 利用不同照明方式设计出光的构图,以显示环境景观艺术造型的轮廓、体量、尺度和形象等。

(2) 利用照明的位置能够在近处看清环境景观的材料、质地和细部,在远处可看清楚它们的形象。

---

[1] [日本]Landscape design 杂志社编;张琪,刘云俊译.世界都市景观照明[M].大连理工大学出版社、辽宁科学技术出版社,2001:3.

（3）利用照明手法，使环境景观产生立体感，并与周围环境配合或形成对比。

（4）利用光源的显色使光与环境绿化相融合，以显示出树木、草坪、花坛等的翠绿、鲜艳、清新等感觉。

（5）对于喷水景观要保证足够的亮度，以便突出水花的动态，并可利用色光照明使飞溅的水花绚丽多彩，对于水面则要反映灯光的倒影和水的动态。

二、灯具的技术特性

目前我国环境照明的电光源主要有：白炽灯、高压汞灯、低压汞灯、高压钠灯、低压钠灯、卤钨灯、金属卤化物灯等。其中常用的电光源为寿命较长、使用方便、经济及具有高发光效能的白炽灯、高压汞灯和高压钠灯等。环境照明常用电光源的主要特点见下表。

电光源名称	白炽灯	高压汞灯	高压钠灯	低压钠灯	金属卤化物灯
额定功率范围(W)	10～100	50～400	35～1 000	18～180	400～1 000
光效(lm/w)	6.5～19	30～50	60～120	100～175	60～80
平均寿命(h)	1 000	2 500～5 000	16 000～24 000	2 000～3 000	200
一般显示指数 Ra	95～99	30～40	20～25		65～85
启动标定时间(min)	瞬间	4～8	4～8	3～15	4～8
开启动时间(min)	瞬间	5～10	10～20	5 以上	10～15
功率因数($\cos\varphi$)	1.0	0.45～0.62	0.30～0.44	0.06	0.41～0.61
频闪效率	不明显	明显	明显	明显	明显
表面亮度	大	较大	较大	不大	大
电压变化时光通影响	大	较大	大	大	较大
环境温度对光通影响	小	大	较小	小	较大
耐震性能	较差	好	好	较好	好
所需附件	无	镇流器	镇流器	镇流器	触发器，镇流器

注：光效是发光效能的简称，指一个电光源每消耗 1W 功率的电能所发出的光通量，单位为 lm/w（流明/瓦）。

三、设计艺术手法

在滨水景观的照明手法上，因为它受到各方面的影响，特别是受到自然水体的影响较大，所以与其他环境景观照明有所区别，以下根据不同照明的手法简述照明灯具在滨水景观中创造艺术的手法。

1. 流动

灯光的流动性可能是滨水景观中最为独特的艺术手法了，在别的城市景观中是很难见到的。滨水区照明的流动性不仅仅局限于空间的整体美，最主要的是当实际的灯光和水面倒映着的光晕交相辉映的时候更能体现这种美感。如图 2-3-2 是布宜诺斯艾利斯普埃鲁特马蒂罗街景，当夜晚华灯初放的时候，建筑物上的灯光、道路两旁的路灯和水中倒映着的流动的光影相互交织在一起,共同谱写出美妙的小夜曲。

图 2-3-2　布宜诺斯艾利斯市映在水面上的普埃鲁特马蒂罗街景

2. 韵律与节奏

韵律是有规律的组合与变化,凡是有秩序感、韵律感的造型均有节奏感,其实这两个美学形式法则都是从音乐领域演变而来的。

在滨水照明中,节奏和韵律感随处可见,特别是在沿河岸的照明上,造型优美的灯具在白天也是一道亮丽的风景线,而到了迷人的夜晚更成为城市的聚焦中心。如图 2-3-3 苏州金鸡湖边路灯,形成了一条美丽的具有韵律感的弧线,周密的规划、巧妙的构思,使水边环境显得十分和谐自然,让来到这里的人感到心情舒畅。

3. 明暗与虚实

通常在美学表现光影上有两种手法:一是通过光影把周围的景物照亮,使其形成更强的立体感并具有某种艺术风格的形式;另一种就

图 2-3-3　苏州金鸡湖边富有节奏的路灯
（摄于苏州金鸡湖畔）

是通过对光影的特殊组合处理,把现实对象描绘成非现实的、梦幻般的视觉艺术幻象。

在滨水景观中,这两种艺术手法在不同的场合对于一个区域的照明不可能兼顾,应该有重点地对一些重要的标志物进行细致描绘,而且所采取的照明方式也应该有所区别,即使是对同一种设施,在不同的地域和空间中应该采取不同的照明方式。图 2-3-4 所示的是横跨罗纳河的"DU COLLEGE"桥,400 盏白炽灯辉映出它的美丽造型,使整个桥梁成为灯的海洋,成为罗纳河上照度最高的标志物;与之相反,图 2-3-5 夜幕中布拉格的卡雷尔桥却采用了虚幻的照明手法,将周围的建筑物和雕塑做成剪影的效果,使用艺术的手法将整座桥的空间变得神秘而又有古典的气息。

图 2-3-4　横跨里昂罗纳河的"DU COLLEGE"桥,400 盏白炽灯辉映出它的美丽造型

图 2-3-5　由光和影营造出的梦幻般的夜景

强烈的明暗对比可以突出强调的对象。在滨水景观中,悉尼歌剧院成为灯光的明暗对比中的典型(如图 2-3-6),位于海角顶端的歌剧院,在相对较暗的周围环境中,白炽灯光从两侧直接投射到歌剧院的壳体构造上,构造表面铺装的白色瓷砖被照亮后,犹如反光的贝壳,那奇特的景象远比摩天大楼和港湾大桥的灯光给人的印象更深刻。这种鲜明的对比强烈地突出了要重点体现的景观对象,在滨水景观的设计中已经得到相当的重视,在我国也有许多地方采用了这种艺术手法,上海外滩对东方明珠电视塔及其周围建筑物也进行了重点的照明设计。

图 2-3-6　悉尼的景观照明主要聚焦在歌剧院和毗邻的港湾大桥上

4. 色彩的搭配

这里并不是要进行系统的色彩学分析,而是以色彩对滨水景观效果的作用为重点,从灯光色彩的对比与调和方面简述灯光与色彩之间以及与周围环境之间的关系,让灯光、色彩与景观相结合,使得周围景观效果更加充实、动人,更富有表现力。这里的色彩搭配既有照明灯具本身发出的灯光之间的搭配,也有各类灯光与周围景物之间的协调。

第四节　城市滨水景观中的绿色空间

一、城市滨水景观绿化设计的作用和目的

绿化给城市滨水景观带来了各种各样的效果。绿化具有的实用、生物、景观等功能,更具有心理调节的功能,起着维持生态平衡、美化环境的作用,创造了丰富而和谐的美景,并增强了人们的自然意识。在滨水景观中,绿化更起着防洪的重要作用。

由于在滨水景观中水体占了很大的比重,因此,绿化在滨水景观中的生态作用远比在

城市其他区域小,在滨水景观中绿化主要的目的就是点缀与连接,绿化成为滨水景观中联系水陆两个不同空间的生态枢纽,将两个形式迥异的生态圈连成一个整体。

二、城市滨水景观绿化设计的分类

1. 绿色地毯

将草坪称之为绿色地毯是当之无愧的,它是环境景观绿化中最底层的构成要素,也是在大型环境景观绿化设计中运用最普遍的。

在城市滨水景观中最可能运用绿色地毯的就是自然驳岸。我们一般不提倡进行大片的草坪设计,因为这会降低主体自然景观——水体的吸引力,但是在自然形的驳岸中,却必须运用种植草皮这一手法,以免水土流失,同时也可起到美化的作用。其实这在外国的滨水景观中是很常见的,其绿化一般布置得比较开阔,以草坪为主,乔木种植行比较稀疏,在开阔的草地上点缀以修剪成形的常绿树和灌木。在滨水景观中所规划的草坪一般是使用性草坪,所谓使用性草坪就是开放可供人入内休息、散步,一般种植叶细、韧性较大、较耐踩踏的草种。

2. 绿色雕塑

"绿色雕塑"原来是指在意大利和法国的园林中,常将树木从根到梢修剪成几何形状,将其表示为各种不同形态,它常与草坪相呼应,形成高差,错落有致。树木可以分为乔木、灌木、地被植物等,树木对气候的调节和对人的心理调节有很大作用。树木的配置方法多种多样,主要有孤植、对植、丛植和篱植等。

在滨水景观的绿化中要注意选用适于低湿地生长的树木,如垂柳等,在低湿的河岸上或定期水位可能上涨的水边,应特别注意选择能适应水湿和盐碱的树种。

另外,不能由于过度种植,阻碍了朝向水面的展望效果。对于滨水区的种植绿化,树木的种类(高度及枝叶状况)和种植它们的场所要充分考虑,须保证水边眺望效果和通往水面的街道的引导,保证合适的风景通透性,因此在滨水景观中一般只用孤植、对植及丛植的配置方法,一般不用中高的篱植,矮篱植的运用也较少,只是在一些必须进行隔离的地方才运用矮篱植。一般在滨水路绿化中,要将绿化设置得富有节奏感,避免林冠线的单调闭塞,如运用不等距的种植方式排布高大的树木,或者采用不同种类的树木相互穿插种植,形成绵延起伏的林冠线。

3. "花"之世界

所谓"花"是指花坛、花池、盆花等主要运用花卉并配以其他植物的绿化造型。花坛、花池通常成为环境景观立体绿化中主要的造型因素,它在各绿化要素中比草坪高,但在立体绿化中处于较低层,它一般的高度为 0.5～1m 左右。

花坛、花池的造型丰富,可以随不同的环境景观而变化。它的基本形式有花带式、花兜式、花台式、花篮式等,可以固定也可以不固定。花坛、花池的组合形式有单体配置、线状配置、圆形/曲线型配置、群体配置、自由组合配置和绿地景观槽等。

在自然水体的蓝色和草坪、树木等的绿色中,花形成了绚烂缤纷的色彩,成为滨水景观中色彩的点缀品,而且各式各样的花坛、花池的造型,规则的几何形态、不规则的自由式,这些灵活的组合使滨水景观的立面形态设计更加丰富。而且单体的花坛形体不要太大,以免喧宾夺主。

4. 空中走廊

空中走廊主要是指花架(也称为绿廊)。在夏天为了给人们提供休息、遮阴、纳凉的场所，也为了增加立体绿化的层次感，在滨水景观中，绿廊的设置比较普遍，设计师利用了绿廊的点缀作用。另一方面，花架可以用于联系空间，并使空间有一定的变化。

5. 屋顶花园

屋顶花园一般指建筑物上的绿化设施。滨水区一般是黄金地段，因此滨水区成为标志性建筑的集结地，而屋顶花园就成为滨水景观中最高层的绿化元素。在城市用地紧张的情况下，为了扩大绿化面积，常会采取屋顶绿化、窗、墙垂直绿化等手段和组合式屋顶花园等形式，利用建筑物向立体发展，向空中拓宽。

三、城市滨水景观绿化设计的艺术手法

1. 点、线、面结合

"点"指小绿地，如广场中的花池、花坛等的点缀，在大的滨水区域中，也可能存在商业区、工业区等功能性区域，而这些区域也会存在小公园绿地，这些也属于"点"绿化的范围。

根据每个景点的规划意境，对景点周围植被做重点处理。如果要体现色彩斑斓的景致，就应该着重于树形的高低错落、色彩搭配，点缀成片彩花；又如大海沙滩旁广植棕榈，以形成整洁明朗的热带景观(如图 2-4-1)；再如可以在大草坪的边界缀以枫杨、鹅掌楸、红枫等色叶树，中央孤植香樟、枫杨等大型乔木，丰富草坪景观。

图 2-4-1　沙滩泳池旁广植棕榈(摄于泰国芭提雅海滩)

"线"就是指成线形排列的绿化布局,如道路绿化、驳岸绿化和一些花带形的绿化,也包括一些生态走廊,如花架等,这在滨水景观的设计中是很常见的,人们最喜欢的就是在水边散步,因而几乎在所有的滨水区都有滨水大道。

所谓的"面",指的是大面积的绿化,如自然生态驳岸中的大片草坪,以及一些大型滨水区所出现的景观林、经济林。另外,生态湿地植物也是"面"的重要组成部分,由于湿地物种的多样性,形成丰富的植被层次,创造了最自然最原始的植被景观效果,融观光、游憩、认知于一体。

在滨水景观的绿化设计中,要注意点、线、面的结合,如图 2-4-2 大片的草坪与高大的乔木相互映衬,形成了鲜明的对比,使远处的会展中心黯然失色,这就是点和面相结合的典型例子;建筑物上的鲜花带,与地面的花坛和花盆的组合形成了点与线的组合,营造了一个色彩丰富的空间;而图 2-4-3 中,我们可以看到在滨水空间绿化中点、线、面相结合的很好的例子,在滨水空间塑造了一派绿意盎然的气息。由此可见,单纯的点、线或面的绿化会给人以死板的感觉,只有将这些元素有机地结合起来,才能够在滨水景观中规划出一个生机勃勃的绿色世界。

图 2-4-2　草坪与乔木的结合(摄于江苏苏州太湖湿地公园)

图 2-4-3 滨水景观绿化的点、线、面结合(摄于江苏苏州白塘公园)

2. 对比和衬托

利用植物不同形态特征,运用高低、姿态、叶形叶色、花形花色的对比手法,配合环境景观以及其他要素整体地表达出一定的构思和意境。

高低、姿态的对比可以是同一种树种之间的对比,也可以是不同种类的树木相互结合,如图 2-4-4 所示,相同的树种由于高度的不同形成了多变的林冠线,与背景蓝色的水面和天空形成了一幅风景画。

图 2-4-4 相同树种形成的多变的林际线(摄于上海世纪公园)

3. 韵律、节奏和层次

景观植物配置的形式组合应注重韵律和节奏感的表现。同时应注重植物配置的层次关系,尽量求得既要有变化又要有统一的效果。

在三亚湾滨海地区,植物的分布就有着明显的层次感,在横向的水平结构中,最靠近滨海路的是人工椰林加上草地,中间是砂土生刺灌木丛与人工椰林的结合,在靠近海滩的地方是砂生草丛;在竖向结构上,上层是人工椰林,下层是砂土生刺灌丛,下垫层是砂生草丛和人工草地。这样层次分明的绿化组合,高低错落有致,既起到了保护海岸的作用,又在海滨形成了一道亮丽的风景。

4. 色彩和季相

植物的干、叶、花果色彩丰富,可采用单色表现和多色组合表现,使景观植物色彩配置取得良好的图案化效果。要根据植物四季季相,尤其是春、秋的季相,处理好在不同季节可观赏不同植物色彩,产生具有时令特色的艺术效果。

小 结

在城市滨水景观设计中所运用的艺术手法多种多样,各种艺术手法的有机结合,为创造出富有艺术气息的滨水景观意象奠定了扎实的基础,使人们在观赏城市滨水景观时,产生意想不到的意境,这些在以后的章节中将着重论述。

第三章　美学的艺术至境思想

意境是美学中的最高境界,由一般的艺术形象上升为具有意境的艺术需要一个漫长的过程,我们称之为艺术至境。艺术至境最先运用在文学理论之中,在诗歌方面清人叶燮在《原诗》中已经将"至境"一词解释得十分贴切:

> 诗之至处,妙在含蓄无垠,思致微渺,其寄托在可言不可言之间,其指归在可解不可解之会,言在此而意在彼,泯端倪而离形象,绝议论而穷思维,引人于冥漠恍惚之境所以为至也。

虽然这是在文学理论高度对艺术至境的理解,但我们可以把所有的艺术作品所能达到的这种最高境界统称为艺术至境。艺术家和设计师只有能在形象塑造和艺术描绘方面达到此境界者,才是真正的高手,其艺术作品才能成为精品。

但是,古今中外,艺术至境却走了一段很曲折的道路,艺术至境这颗璀璨的明珠往往被尘封,被人们遗忘,而且在很长的时间里,艺术至境甚至走入了歧途,远离了其真正所应该达到的目的。

经过现代艺术理论家的不懈努力和探索,艺术至境这一位艺术理论中的女神终于露出了她的真面目,使我们清晰地看到其结构脉络:艺术至境起源于形象,通过审美主体——人的心理作用,上升为意象这个更高层次,最终使人的情感与艺术作品(景)相互交融,产生出韵外之意,于是艺术达到了最高的境界——意境。因此我们可以认为艺术至境的流程为:形象—意象—意境。在滨水景观中形象就是客观存在的实体景观,我们不着重讲述,在这一章我们首先了解意象,进而阐述意境产生的原理,重点分析意境与意象的联系与区别。

第一节　意象的综述

"意象"这一概念,在中西方美学艺术史上都有一段漫长的发展历程,但"意象"在中西方审美观念上却存在着很大的不同。

一、中国古典美学中的意象

意象是中华民族首创的一个内涵十分复杂的美学范畴,也是人类文艺理论宝库中一颗璀璨的明珠。在历史的长河中,它曾经被埋没和封存了很久,但是在新的时代,它却被人们又一次挖掘出来,在美学艺术上重放光辉。

(一) 中国古典意象的起源和发展

我国的意象创立大致经历了三个阶段:表意之象、内心意象和泛化意象。

1. 表意之象

我国最早阐明意象原理的是一部关于占卜的书——《周易》,《周易·系辞(上)》有云:

> 子曰:书不尽言,言不尽意。然则圣人之意,其不可见乎?子曰:圣人立象以尽意。

从这段话中我们可以看出,"意象"最原始的称谓为"象",而意象的古义就是"表意之象","立象"是为了"尽意"。三国时期的王弼在他的《周易略例·明象》中提出这样的观点:

> 夫象,出(于)意者也。象生于意,故可寻象以观意。

由此可见意象的本质:这种"象"来自主观,由"意"生成,它与那种取自客观、模仿客观物象的艺术形象在本质上是不同的,意象是一种"人心营构"之象。[1] 王弼的意象观,标志着我国古代意象论已趋成熟。而在其后,人们又将意象理解为象征,其实象征意象也是意象的一种,如古代的灵位就是人们用一块木牌去象征"死去祖先",虽然设灵位的人并没有意象的意识,但是实际上就是"立意于象"的一种具体表现。

中国古代为什么要把意象理解为象征,理解为"表意之象"呢?其实,"立象以尽意"的原理,实际上也是人类最古老的艺术生产原理。远古时期,人类的社会意识还处于浑然一体状态,"那时的艺术是对宗教观念的形象翻译","在埃及,一般来说,每一个形象都是一种象征"[2],我国古代沿用至今仍然不断焕发出新意的龙凤图案,半坡出土的人面含鱼纹,以及殷商的司母戊大方鼎……都证明着这个艺术时代的存在。

在往后的艺术理论中,人们往往将"意"与"情"互相混淆,其实"意"就是"意义"、"义理",具有抽象性与哲理性。

2. 内心意象

刘勰在我国纯文艺理论领域第一次提出了"意象"这个概念,他在《文心雕龙·神思》中说:

> 陶钧文思,贵在虚静,疏瀹五脏,澡雪精神。积学以储宝,酌理以富才,研阅以穷照,驯致以怿辞。然后使玄解之宰,寻声律而定墨;独照之匠,窥意象而运斤。此盖驭文之首术,谋篇之大端也。

由此可见,刘勰将原本的"表意之象"发展为"内心意象"。在这里我们可以用郑板桥画竹的故事,简明阐述其内心意象的概念。

> 江馆清秋,晨起看竹,烟光、日影、露气,皆浮动于疏枝密叶之间。胸中勃勃,遂有画意。其实,胸中之竹,并不是眼中之竹也。因而磨墨、展纸、落笔,倏作变相,手中之

---

[1] 清·章学诚·文史通义·易教下.
[2] 黑格尔.美学(第二卷).商务印书馆,1981.

竹,又不是胸中之竹。

这里既强调了"胸中之竹"(内心意象)与"眼中之竹"(客观物象)的区别,也强调了"胸中之竹"与"手中之竹"(艺术形象)的区别。"胸中之竹"是"眼中之竹"在人的思维中的进一步加工,已经不是纯粹的感觉、知觉或表象,思想、感情参与了其中。感性映象——"眼中之竹"经由思维的分析、比较、综合,具象而为内心意象——"胸中之竹"。

在这里我们必须表明,对"内心意象"的理解应该严格控制在"内心"这个范围之内,如果把它与它的物化形态——艺术形象混为一谈,那就混淆了两种不同质的形象,混淆了主观与客观的界限,抹杀了艺术生产流程的阶段性,势必造成理论上的混乱。因此,我们不能将所有的形象都称为意象。

3. 泛化意象

刘勰虽然首创了"内心意象"的概念,但是意象的古义也自刘勰开始消亡了。从六朝至唐代,意象仅仅作为一个创作学概念存在于艺术思维领域,而以追求情景交融为主要特征的中国抒情文学终于成为文学艺术的主导形式,这就是中国意境论的兴起。之后,意象的概念被人们泛用,有人将其当作"肖像",有人将它理解为"景色",甚至有人将其与"境界"相混用,其后很多人又将意象与意境混为一谈,使意象在中国美学史上成为困扰人们理论思维的一大难题。

(二) 中国古典意象的概念

在中国古典美学中,"意象"是一个标示艺术本体的概念。

意象,按照中国传统的说法,它应是意中之象,有意之象,意造之象,不是表象,不是纯粹的感性映象,但它又不是概念,保留着感性映像的特点。意象,是思维化了的感性映象,是具象化了的理性映象。意象一旦得到物化,就可以转化为形象。因此我们可以说,意象是客观形象与主观心灵融合的带有某种意蕴与情调的东西。

二、西方的意象

其实,意象也成为困扰西方美学的一大难题。在西方,意象也经历了一个曲折的过程,它是一个多方面的综合体。

在西方,意象(Imagery, Image)首先是一个心理学术语。这种心理学的意象可以分为三种:知觉意象、记忆意象和想象意象。我们这里用一个故事阐述这三种意象的不同之处:

> 说是有一只青蛙和一条鱼是好朋友。一天青蛙上岸玩了一整天,见了许多新鲜事,如人在地上走,鸟在天上飞,车在路上跑,等等。它高兴得很,就回去向好朋友鱼儿诉说一切。它对鱼儿说,陆地上好玩极了,有人,身穿衣服,头戴帽子,手握拐杖,足穿鞋子;此时在鱼的脑子中,便出现了一条鱼,身穿衣服,头戴帽子,翅挟手杖,鞋子则吊在尾巴翅上。青蛙又说,还有鸟儿,可以展翅在空中飞翔;此时在鱼的脑子里,便出现了一条腾空展翼而飞的鱼。青蛙又说,还有车,带着四个轮子滚动;此时,在鱼的脑子中,便出现了一条带着四个圆轮子的鱼……[1]

---

[1] 参见叶维廉.中西文学中的模子的应用.台湾地区黎明文化事业公司,1977:1.

在这里,青蛙所看到的事物都属于知觉意象的范畴,而青蛙回去对鱼所描述的事物,是对象不在现场的情况下,在记忆基础上对对象的想象,就成为了记忆意象,而经过青蛙的复述,在鱼的大脑中产生的形象就成为了想象意象。

在这儿不得不提一下,西方在1912—1917年间,出现了"意象派"诗歌,它对西方诗歌界产生了广泛的影响。但是,这种"意象"是十分肤浅的,缺乏深度。"意象派"的重要代表作家庞德给"意象"下了定义:"一个意象是在一刹那时间里呈现理智和感情的复合物的东西","正是这样一个'复合物'的呈现同时给予一种突然解放的感觉:那种从时间局限和空间局限中摆脱出来的自由感觉,那种当我们在阅读伟大的艺术作品时经历到的突然成长的感觉"[1]。这直接呈现出了意象派的美学理想。但它限制了意象的艺术空间,所以其发展格局和力度都远没有浪漫主义诗歌和象征主义诗歌有影响。

萨特在其《论意象》(1936)中指出,意象"并非是一个物",而"是属于某种事物的意识"。他完成了意象这一术语的转折,"意象在变成一种有意的结构时,它便从意识的静止不动的内容状态过渡到与一种超验对象相联系的唯一的综合的意识状态"。至此,意象形成了完整的体系。

而在20世纪中叶,由凯文·林奇教授提出的城市意象学说将意象理念引入了城市设计中,对于城市滨水景观的设计有着很大的影响作用,在后面的章节中我们将重点讲述。

上文简要叙述了中外意象的发展历程,可以看到,中西方虽然对于意象概念的理解有着很大的区别,但是在某些方面还是存在着不谋而合之处,如中国的内心意象和西方的记忆意象有着相同之处,它们都是指具体形象在人们心理上的反映,而我们在城市滨水景观设计中所运用的意象理念很大程度上是将具体的表意之象上升为内心意象的范畴,因而中西方对于城市滨水景观设计的意象追求目标是基本一致的。

第二节 我国古典美学的独创——意境

意境是中国古典美学的核心范畴,它是中华民族所独有的一颗艺术瑰宝。但是迄今为止,对意境的界说有很多种,比如情景交融说、典型说、象外说、想象联想说等,因此我们在这儿有必要首先了解一下意境的概况。

一、意境的发展历程

中国古典美学中的意境在很早之前就已经产生了,虽然只是在很朦胧的状态下出现的,先秦是中华民族审美意识的萌芽期,因此先秦时期在哲学思想上为意境审美的产生奠定了基础,从先秦一直到魏晋南北朝成为意境的孕育期。

唐代是中国古典艺术的高峰期,有着丰厚的艺术实践基础,再加上此前古典艺术已有的理论基础,意境这一古典艺术最高审美理想就如一个怀胎足月的婴儿,呱呱坠地了。意境经过宋、元的发展,在明清达到了顶峰,最后由清代的王国维将这一理论发挥到了极致,意境论形成

---

[1] 引自彼德·琼斯.意象派诗选.漓江出版社,1986.

了一个完整的体系。

二、意境的定义

意境范畴是由"意"和"境"组合而成的,说到"境"我们首先应该了解"景"。"景"与"象"有些类似,但是"象"只能表达具象之义,无法同时传达出中国人对大自然的独特情结,而"景"则同时包容了这两者,因此"景"不只是自然景物,还有人事及其他对象,但是自然景物是它的基本义。而"境"是对艺术作品最后效果之称,"景"则是这一艺术境界的内在构成要素,"境"是总概念,"景"是分概念,"境"大于"景"。

什么是意境?意境是人们为审美的目的用艺术媒介所构筑的独特的精神性空间。从意境本质论或中国古典美学关于艺术美本质的角度看,意境是准宗教的主体追求生命自由的精神家园,是一个为主体自由心灵而创设的独特(即艺术的)、广阔的精神性空间;从艺术意境的内在结构,或各门类艺术表现出的异质同构的结构原型看,意境是指古典艺术作品内部所呈现出的主客观统一、时空结合体和象内与象外两境层;从各门类艺术的具体形态看,意境是指在共同的艺术审美理想(主客观统一乃其核心)作用下,各门类艺术与自己的艺术形态本相微微偏离之后所产生的独特景观,或各门类艺术在艺术普遍规律与民族独特审美理想两者间相妥协所产生的独特效果。

意境的本质特征不在于"情景交融",而在于"情景交融"基础上达成的"境生于象外"或"超以象外"。意境也不等于典型形象,典型形象只是产生意境的一种母体,其他如艺术作品内容与形式的各种要素及其组合,乃至某种艺术与非艺术符号(人类感情的异质同构符号)都有可能产生意境。因而意境的结构就应当是一种由实而虚,在虚实相生的想象中具有无限艺术空间的"境界层深的创构",是一种"虚与实的结合",或者说是一种虚实相生的超象审美结构。

意境偏于虚指,具有模糊性,是"想象的真实"。意境虽然离不开乃至必须包括具体的艺术形象或意象,离不开特定的艺术乃至非艺术符号,但并非实指具体的艺术形象、画面或符号,而只能是指其表现的艺术情趣、艺术气氛以及它们可能触发的丰富的艺术幻想与艺术联想世界的综合。

从审美心理结构而言,意境则是一种既包含形象、符号(艺术实境)又包含深远的"象外"之虚(想象中呈现的艺术虚境,包括"象外之象"与"味外之旨")的审美范畴。它的本质特征就在于由实而虚,由定导向不定,然后循环往复地虚实相生。不同的象与意、不同的象外之象与象外之意纷呈迭出,相辅相成,和谐统一,朝向这一东方的古老民族——中华民族在不同时代所向往与追求的理想的人生境界。深邃的艺术意境是指由实境—浅层虚境—深层虚境相生互化的复杂形态。

三、意境与意象的区别

意象比意境出现得早,如果把整个中国古典美学史视为意境审美理想产生的过程,意象范畴也许就是意境逻辑链条中最为重要的一环。意象是一个关于艺术创造基本矛盾的范畴,它只反映艺术创造的普遍性原理,而无法容纳中华民族对艺术的独特理解,比如意境范畴的许多重要特征——时空的广阔流动、含蓄、空灵等,都无法由这个范畴传达。因此它不可能是中国古典美学最高一级的范畴,而只能是意境范畴产生的逻辑中介。

意境的美学概念,要求的是通过具体、形象化的、情景交融的艺术描写把接受者导入无限想象的艺术化境,意象的美学范畴虽也具有这方面的意义,但它重点探讨的是"意"与"象"二者的关系。有意境的作品必然具有优美的意象,但有意象的作品未必是具有优美意境的作品,二者有联系而不属同一个范畴。

意象是具体事物在人们内心的映像,或局部的或整体的,是一种心理的作用,而不涉及内心的感情世界和当时的社会背景,而意境必须由情而生,因此审美主体的感情是意境产生的媒介,虽然意境不只是"情景交融",但情是第一位的,而情在意象中是找不到的。

小 结

本章主要叙述了古典文学中的艺术至境所包含的三种类型中最为重要的意象和意境的形成过程以及意象与意境的异同之处,为以后将意象与意境运用于城市景观设计,最重要的是将其运用于城市滨水景观设计打下了基础。

第四章　城市景观设计中的艺术至境

在上一章中,我们讲述了艺术至境的基本概念,它包括形象、意象和意境三个层次。艺术至境在以前多运用于文艺理论方面,在城市建设中很少提到,在现代新兴的城市滨水景观设计中几乎从没有涉及,因而在这一章我们将总体概括艺术至境在城市景观设计中的运用。

第一节　城市景观设计艺术至境简述

城市景观设计中的艺术至境也包括三个层次:城市形象、城市意象和城市意境。将艺术至境原理的三个层次都运用于城市景观设计的很少见,古代的城市景观设计只是停留在城市形象和初级的城市意象(如我国的传统风水观)上,西方的城市意象设计是在20世纪中叶开始的,以凯文·林奇为代表的城市意象学说盛行一时。而城市的意境设计却几乎没有,只是在一些特定的城市空间中才得到运用,如我国的园林设计中就大量运用了意境设计的手法。在这一节,我们就是要阐述如何将艺术至境运用于城市景观设计中。

一、城市景观设计艺术至境的概念

城市形象:所谓城市形象就是指由建筑物、绿化、自然资源(如城市中的自然水体、自然山体等)、各类城市设施(如路灯、休息座椅、广告牌等)等诸多因素构成的具体物象,这是城市景观设计的基础。

城市意象:在前文中我们已经很详尽地解释了"意象"的概念,而在城市景观设计中所运用到的意象原理是属于"内心意象"的范畴,因此凯文·林奇教授将城市意象定义为"人们在心理上对城市形象的客观印象,它主要指通过人们对城市空间环境的心理印象,来评价城市的客观形象"[1]。对于城市意象我们可以这么来理解,城市意象中的"象"就是城市的形象,而"意"就是"意"是指人们对于城市景观设计、构建的客观存在的主观印象,"意"通过"象"来表达,并为人们所感知,从而得出城市各方面的整体印象——城市意象。

城市意境:我们已经知道意境包括"意"和"境"两个方面,因此在城市意境中也包括这两方面,"境"是指形成上述主观构思的城市形象的客观存在,这里的"意"与"意象"中

---

[1] [美]凯文·林奇.城市意象.方益萍,何晓军译.华夏出版社,2001.

的"意"的意义是不同的,它是指审美主体在"境"中,运用主观的思维活动所产生的各种情感,城市意境正是这主客观两方面相统一而形成的有机和谐的整体。

二、城市景观设计艺术至境的形成

在城市景观设计中,我们首先感知的是城市形象,它是构成城市景观设计的物质条件,它源于现实,但是又是经过人工加工而成的,它是产生城市意象、城市意境的主体条件。

审美主体在审美感知过程中,将感知到的直接产物——城市形象,借助联想、想象等,塑造成主体意识中的虚像,这就是城市意象。城市意象的产生借助了富有特征意义的物质形态——城市形象,传达出审美内容的特定感知信息,因而城市形象具有规定性一面。

城市意境是城市景观设计师所向往的,其中寄托着情感、观念和哲理的一种理想审美境界。通过规划师对城市形象的典型概括和高度凝练,赋予景象以某种精神情意的寄托,然后加以引导和深化,使审美主体在观赏这些具体的城市形象时,触景生情,产生共鸣,激发联想,对眼前景象进行不断的补充、拓展以及"去象取意"的思维加工后,感悟到景象所蕴藏的情意、观念,甚至直觉体验到某种人生哲理,从而获得精神上的一种超脱和自由,上升到"得意忘象"的纯粹的精神世界。

三、城市意象与城市意境的区别

城市意象只是审美主体运用"内心意象"的理论体系,对于一个城市的客观存在——城市形象的心理印象,它不涉及审美主体——人的内心世界,而这里所说的城市意境是指从意境的角度来认知城市,从城市的主体——人出发,综合考虑城市的各种自然要素和人文要素,在城市的客观形象中冶入"情"、"意"的内涵,使其具有底蕴深邃的审美效果,以充分满足人们在精神上(或心理上)对城市空间环境的高层次需求。城市意境由表及里,激发人们内心深处的感情,情景交融是城市意境最主要的特征。

城市意象的产生比较容易,只要有感知能力的人进入一个城市就能够产生对城市的印象,从而形成对城市的意象,而且一般来说,人们对城市的意象是比较一致的,对于一个城市来说,城市中重要的标志物、节点,城市的区域、道路规划等都是十分固定的,人们可以很容易地分辨出哪些城市景观设计得比较合理,哪些城市景观设计得比较混乱,人们几乎众口一词地称赞大连的美就是一个很好的例子。我们可以从整体上规划城市的意象,如江苏南京城附近,东北有紫金山,西北有长江,北有玄武湖,南有莫愁湖,宁镇山脉绵延起伏,环抱市区,周围河湖纵横交错,这里背山、襟江、抱湖,是一个天然的山水城市,因此素有"龙盘虎踞"之称,城内有秦淮河贯穿市区,城里还有清凉山、石头城等(如图 4-1-1)。而山东的济南南面有千佛山,北面有大明湖,可以说是背山面湖的山水城市,故有"一城山色半城荷"之称,济南的远处黄河边上有"齐烟九点",是九座小山丘,因而造成了"水抱城,城抱水"之势,济南城的营造充分重视"品"字形"三泉鼎立"的形势,把城的西南、东南角正好选在趵突泉和黑虎泉处,把城市的中轴线安排在珍珠泉,在住宅区的建设中,还充分运用泉水这样的优势自然条件,做到"家家泉水,户户垂杨"(如图 4-1-2)。

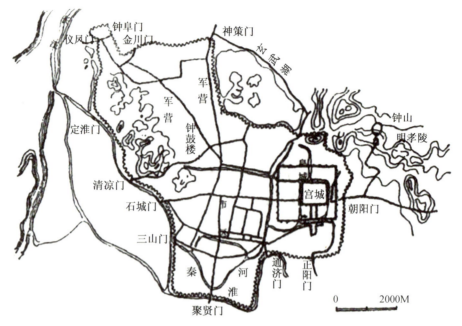

图 4-1-1　明代南京城图

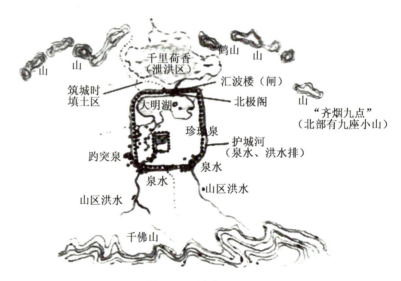

图 4-1-2　济南平面图

而城市意境却不容易产生,它受社会历史、文化脉络、气候等客观因素的影响,而审美主体等主观因素的影响也很大,不同的人,怀着不同的情感的时候,所产生的意境也是不同的,这就是为什么秦始皇和汉武帝在登临碣石的时候想到的是虚幻的仙境以及长生不老的思想,而曹操想到的却是沧海的雄奇博大,它无边辽阔,包容万象,能吞吐日月,容纳星辰,这也许就是守天下和夺天下感情的不同吧。城市景观设计中的意境需要景观欣赏者的积极参与,需要人在其中产生共鸣,因此在设计的同时就应该考虑到人的心理这一方面。在对城市景观进行意境设计的时候,我们不可能完全意料到人们在城市形象中所产生的感情,因此对于城市的整体意境的规划是一个十分艰难的课题,不同的民族对于色彩与材质,乃至植物都有不同的感情,而且意境会随着气候、时间等的变化而变化,就如苏轼描绘杭州的西湖"欲把西湖比西子,淡妆浓抹总相宜",因此在对城市意境设计的时候,要充分考虑到各方面因素的影响,充分运用好一些有利的自然及各种主观条件,使人们能够产生美妙的意境。

第二节 中西方影响城市艺术至境的理论体系

"艺术至境"这一概念,虽然只是在我国文学理论中得到运用,在城市景观设计中没有出现,但是我国在很早的时候就有一些学说涉及城市意象设计,其中最为重要的就是传统风水观以及钱学森先生所提出的山水城市,而在西方,关于城市艺术至境设计的理论,最重要的应属美国麻省理工学院的凯文·林奇(Kevin Lynch)教授提出的城市意象设计理念。他的《城市的意象》(*The Image of the City*)一书在1960年出版后,即被认为是战后最重要的城市景观设计理论著作。因此,我们以中西方这两个理论为主要研究对象来说明城市艺术至境设计在中西方发展的不同之处。

一、我国古代的传统风水观

传统风水观是中国独创的一门深奥的民间学说,而现代的山水城市理论是在传统风水观的基础上,结合现代城市景观设计理念所产生的,它们对于现代城市景观设计有着深远的影响。

传统风水观在我国源远流长,它以传统哲学的阴阳五行为基础,糅合了地理学、气象学、景观学、生态学、城市建筑学、心理学及社会伦理道德等方面的内容,将崇尚自然的山水文化同城市环境的选择和经营融于一体,影响着中国传统山水城市的建设和创造。

(一)风水的产生与发展

当地球上大多数地区还处在蛮荒的时代,在我国的黄河出现了龙马图,洛水出现了龟书,这种马身和龟背上的数字的有序排列,奇妙地对应着天象和大地的阴阳,宇宙万物都以阴阳为基础,用日代表阳,以月代表阴,后来日月合字为"易",阴阳理念和"易"的思想,成为五千年来中国人思维的哲学源头。

易学原理应用在环境地理学上,就是环境优选、时空优选,形成了中国传统风水观。传统风水观是"堪天道,舆地道",是关于天地环境的学说,其优选的因素包括太阳、月球、星宿还有动变的时间,它基于天地人和的思想,就是人们通常所说的"天人合一"的思想。

传统风水观运用在建设中的最早实例是五千年前的黄帝陵。黄帝被誉为"龙的化身",因此黄帝陵的选址在水北阳位的盘龙冈上,周围山峦以"四灵"之形定名:龙、虎、龟、凤(如图4-2-1)。这是最早的典型风水格局,东青龙、西白虎、南朱雀、北玄武,用四灵兽喻四方。可见,"易"学风水的创立和应用,已经有五千年的历史了。[1]

在其后的很长时间内,很多城市在选址上都以传统风水观为基础,如北京城就是一个很好

---

[1] 尤亮,尤羽.风水与城市.百花文艺出版社,1999.

的例子,它完全是在中国风水理论的指导下规划和建设的。大至选址、布局,小到细部装修,处处寓涵风水思想,可谓是传统风水观的典型实物例证(如图 4-2-2)。因此传统风水观源远流长,值得我们进行深入探讨。

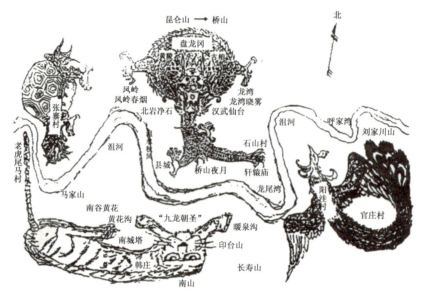

图 4-2-1　具有五千年历史的黄帝陵风水意象图

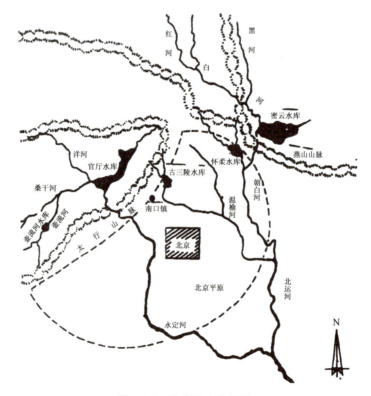

图 4-2-2　北京风水外局图

(二)传统风水观中关于水的思想

在风水环境优选中,主要着重在五大要素:龙、穴、砂、水、向,这五种要素对应着一定的专法:龙法、穴法、砂法、水法、向法。而水法在这五种专法中是至关重要的,历来都认为"山主人,水主财","山之祸福应迟,水之祸福应速"。看风水要先看水,有"有山无水休寻地,有水无山亦可裁"之说。水性之吉凶辨别,如海水,其潮高水白者为吉;江水,其势浩荡,以弯抱屈曲者为吉。湖水汪洋,万顷平静,滨之均为吉;溪涧之水,屈曲环绕,聚注深缓为吉;沟渠之水,取其屈曲悠汇处为吉;池塘水,以原生为贵,人工次之。泉水分嘉泉、凶泉:味甘、色莹、气香四时不涸者为嘉泉,如温泉、醴泉;凡冷浆泉、喷泉、漏泉、瀑布泉俱属凶泉。水势之吉凶辨别,凡九曲回流,明流暗拱等形势,均为吉水。而瀑面冲心,反跳分流,朝怀聚面,水缠玄武(穴后)等皆视为凶水。水流屈曲,岸形弯转,选址忌在反弓凹岸一侧,久必淘蚀受患。选在凸岸一侧,水流势呈三面环护处称"金城环抱"为吉。

在城镇的选址上,以"得水为上"。堪选时,以水寻龙,"以水证龙","以水为断","问水知山"。山随水行,水界山住,水随山转,山防水去。凡入一局中,未见山,先看水,两水之中必有山,水会即龙尽,水交即龙止。水飞走则生气散,水融注则内气聚。水深处民多富,水浅处民多贫。水聚处民多稠,水散处民多离。来水要屈曲绕抱,去水应盘垣有情。在《山洋指迷》中对水的要求有八项:一曰眷,去水仍眷顾有情;二曰恋,眷恋深聚;三曰回,多曲回环;四曰环,绕抱回环;五曰交,两水或多水交汇;六曰锁,弯曲紧锁;七曰织,交流如织;八曰结,众水会潴。[1]

除水形、水势外,还应该注意水质的优选。以水味甘,水色碧,水气香为上贵;水色白,水味清,水气温为中贵;水色淡,水味辛辣,为下贵。而水味酸涩,馊味,则是劣地。

传统风水观对山水的态度是顺应、崇尚,赋予其圣性而不唯命是从。风水宝地禁止随意穿凿和挖填,但可以根据形势加以增补,它声称天命可改,神功可夺。在传统风水观中有"山环水抱必有气"的认知,也就是说对于大地山川来说,优选之地应该是山环水抱的,因此"水"妙在性情清净停蓄,形势回绕环抱。

(三)传统风水观对我国现代城市建设的指导作用

我国现今的城市理论大多倚重西方文化体系,而鄙薄传统文化遗产的发掘和借鉴,在对传统城市的改造中,不尊重、不研究历史形成的城市格局和环境关系,肆意推山头、填湖川,造成生态失衡、水土流失、环境恶化的恶果,至于城市空间尺度的失调,建筑密度的盲目扩大,城市风景景观的沦落,城市文化的消亡更是令人扼腕叹息。

传统的风水思想,虽然具有地理决定论的致命弱点,且蒙上了浓重的封建迷信色彩,但其有着对自然、人文和谐的重视和整体直观把握的特点,弥补了西方现代城市理论的不足,二者的结合,将为我国城市发展特别是使古老山水城市焕发青春,探索出一条新的道路。抛弃其地理决定论,剥开它迷信的面纱,它的思想和方法,可以从三个方面为我们提供指导。

---

[1] 风水与城市.亢亮,亢羽.百花文艺出版社1999.

1. 思想论

面对城市发展的严重危机,从传统哲学出发,为山水城市的发展方向提供思想上的指导。

2. 方法论

风水成就了山水、城市、人文共兴的传统城市特征,并积累了丰富的经验,古老的山水城市要焕发青春,必须从承续城市文脉和谋求城市发展两方面协同进行。这就有赖于对风水的深入研究,从中汲取营养,立足现代理论,兼收并蓄,探索现代山水城市创造的方法论。

3. 城市理论的完善

我国近几十年来的规划理论与方法有两方面不足,一是缺少第二层次微结构的分析,如对微地形、微环境、小气候及生态景观的探讨。二是对自然的轻视,对人的社会、文化、心理追求的轻视。造成城市建设轻易改变地形,不计总体后果,急功近利的恶果。风水几千年来潜心探求、不断完善的正是各种地理环境对人的生理、心理、社会、文化的影响,它为现代山水城市创造提供了宝贵的经验,值得我们重新认真加以思考和探索。

(四)风水思想在城市艺术至境中的体现

在我国许多城市艺术至境规划中,都运用了风水的思想。比如在威海市的五龙山曾有"五龙奔江"的传说(因山体五峰连崎,蜿蜒如游龙奔长江而名),而按照传统风水的观念,"龙首当镇",故在五龙山濒临长江的制高点上建一镇阁,既附会民间传说,又成为景观台和新景点;而五龙河入长江一段曾有不少天然水口,现仅剩下立交口南侧的乌龟岩水口,恰好乌龟岩对面的山嘴形似蛇头,故在蛇头立一"水口塔",呈"龟蛇锁钥"之势,形成一处景观。由此可见,风水思想在城市景观设计中的作用是十分重要的。

二、"山水城市"规划理论

山水城市这一概念是钱学森在给吴良镛的信中首次提到的,山水城市的思想原型应该就是风水理论,而中国著名的山水诗画的兴起也对现代山水城市的设计理念有着很大影响。

(一)山水城市的定义

1990年7月31日,著名科学家钱学森致信清华大学的吴良镛教授说:"我近年一直在想一个问题:能不能把中国的山水诗词、中国古典园林建筑和中国的山水画融合在一起,创立'山水城市'的概念?"接着,在1993年2月北京召开的"山水城市座谈会"上,钱老又作了《社会主义中国应该建山水城市》的书面发言,更加详尽地阐述了山水城市这一我国现代城市规划的重要理论。

(二)山水城市提出的意义

"山水城市"的提出十分适合我国现在的国情。随着改革开放的不断深入,在祖国的大地上,到处可见空前高涨的城市改造,大面积的旧城被改造,大片的新城区应运而生,但是在这个过程中,人们忽视了历史文脉的延续,城市的改造一味地追求现代化大都市的形象,舍弃了大量的中国优良的传统文化。"山水城市"的出现将使我们改变越来越西化的城市发展模式,给我们提出了一条具有中国特色的城市建设道路。

"山水城市"的提出还基于当今人类对环境意识的觉醒。随着现代化进程的加快,随之而来的环境污染问题也越来越严重,它已经成为全世界所关注的焦点问题。许多西方发达国家在城市规划中,也犯过同样的错误,城市迅速扩大,人口向城市聚集,建筑密度大得惊人,交通拥挤,没有消防设施,事故频繁发生,环境严重污染,面对这种"城市危机",当政者束手无策。而我国正处于工业化的过程中,经济建设迅猛发展,这种势头还会持续很久,而我国的城市发展也出现了西方以前所经历的那种"城市危机"的苗头,在这个关键时刻,提出"山水城市"是高瞻远瞩、具有战略意义的城市规划方针,它可以使我们避免西方国家曾经出现的城市规划中的错误,建设具有中国特色的社会主义新城市风貌。

"山水城市"的提出,给城市设计制定了更高的标准,同时也提供了怎样创造体现民族特征、体现时代精神和地方城市风貌的途径。由于这个概念提出不久,大家会从不同角度来认识。

(三)山水城市的设计原则

在钱老的信中,我们可以看出,山水城市的重点就是将中国古典园林中的设计手法,运用在城市规划中,但是这种设计绝对不是生搬硬套的,绝不是把城市居住、工作、游息和交通这四大部分都做成小桥流水、亭台楼阁,而是运用优秀的传统造园手法,对城市设计进行构思和布局,如果是到处复制或重建古典"山水园",那将是自掘坟墓,把优秀传统也埋葬了。

"山水城市"的核心是如何处理好城市与自然的关系,但如何能够使自然与城市规划有机结合是一个很难处理的问题,需要考虑多方面的因素。

1. 城市与山水的紧密结合

由于我国古代盛行的风水学说,城市的选址一般都与山水有着密不可分的关联。

桂林远在宋代即有"山水甲天下"之说,独秀峰耸立在城市中轴线上,古城被群峰环抱,秀美的漓江蜿蜒而过,山清水秀,真是"千峰环野立,一水抱城流","江作青罗带,山如碧玉簪",被喻为"山水盆景"。

南京城在地理上,三面环山,一面临水,东北有紫金山,西北有长江,北有玄武湖,南有莫愁湖,秦淮河穿城而过,使南京背山、襟江、抱湖,"地拥金陵势,城回江水流",成为一个典型的天然山水城市,素有"虎踞龙盘"之称。

杭州之所以出名,与西湖山水之名冠天下,实不可分。"未能抛得杭州去,一半勾留是此湖"正是此情的写照,而苏轼一首闻名遐迩的《饮湖上初晴后雨》更是描摹西湖景色的绝唱:"水光潋滟晴方好,山色空濛雨亦奇。欲把西湖比西子,淡妆浓抹总相宜。"

在古代城市规划中,处处体现了自然山水至上的理念,而现代很多城市却没有认识到自然山水资源的重要性,肆意地破坏城市中宝贵的山水资源。在浙江的萧山,一条公路将好好的一座山劈成两半,不到一年,萧山政府又用钢架试图把山脉连通,因为据风水学家说:断了这山脉等于是断了龙脉。由此可见,对于自然山水资源我们不应当任意妄为,作为一个城市规划者来说应该慎用手中的画笔。

2. 山水城市与历史文脉的延续

享誉世界的城市学家伊利尔·沙里宁曾经说过:"让我看看你的城市,我就能说出这个城市里居民在文化上追求的是什么。"这段话深刻地揭示出文化是城市的灵魂,城市是文化的物质载体这一理念。

而城市的文脉延伸于建设中首推寄情山水,使历史文化、人文景观与自然山水有机结合,使规划设计源于自然而高于自然,追求意蕴深厚的诗情画意,而这高于自然的意境离不开文化的启迪,画龙须点睛,点睛之作才能称为上乘之作;因此,在自然山水的开发与利用中不但要画好龙,而且要点好睛。画好龙,指的是保护山水、完善植被等基础工作;点好睛,则是要运用各个城市自己独有的地方历史文化去诠释城市的建设。

在山水城市建设中,如何将中国的园林构筑艺术应用到城市大区域建设中,重要的手段之一是要根据各城市的地域特色,把城市的历史文化融入城市建设中,使城市的文脉得以延伸。

3. 山水城市中改造自然和尊重自然的辩证关系

其实我们所说的"山水城市"一般都是指自然的山水资源,在风水学说中一般不赞成对龙脉等优选的环境进行改造,但是在城市建设中,我们是免不了对山水进行改造的,而且在山水城市的建设中,为了整体的城市形象,有时也会设计某些人造的山水,如何使人造的景观与自然完全融合是一个尊重自然和改造自然的辨证问题。

在这个问题上,有很多不同的见解,甚至有人雄心勃勃地要把城市建设成为一个完全人造的山水城市,其实这有点天方夜谭。在我们建设一个生活环境时,必然要对周围的环境加以改造才能够适应人们的需求,但是在改造的过程中,我们应当尊重自然,不能将自然改得面目全非,愈是对周围环境进行改造就愈应该尊重自然。这方面我们经历过一个痛苦的过程,在古代由于生产力水平低下,对于自然无能为力,随着科学技术的不断发展,人们能够最大限度地改造自然了,但是随之而来的是对自然的肆意破坏,环境的严重污染,对自然进行无限度的改造和无节制的索取,其结果必然遭到自然界无情的惩罚。

在对山水城市的改造中,有很多成功的例子,最著名的应该算是杭州的西湖了。"上有天堂、下有苏杭",苏杭就是中国人心目中的人间天堂。杭州之美,美在西湖。2000多年前,西湖还是钱塘江的一部分,后来泥沙淤积,形式沙洲和内湖,即为西湖。凡到过杭州西湖者,大约极少有人不被白提和苏堤的秀美景致所吸引。白堤由唐代诗人白居易任刺史时主持修建,苏堤由宋代苏轼任杭州刺史时所筑。长堤卧波,不仅方便游人游玩,更为西湖增添了两道妩媚的风景线。绿杨荫里白沙堤、苏堤春晓都是人工改造与自然山水完美结合的典范。

改造自然与尊重自然始终是辩证的关系,我们要在实践中寻求正确解决这对矛盾的方法,建设真正的山水城市。

三、凯文·林奇的城市意象学说

凯文·林奇教授以普通市民对城市的感受为出发点,研究如何认识和理解城市,他特别关注市民对城市的第一感受(The First Instance on the Public Image of a City)。他通过对洛杉矶、波士顿和新泽西城市市民的调查,建立起城市印象性(Image ability)的组成要素,并且找出人们心理形象与真实环境之间的联系,从而找出城市景观设计的依据及在城市新建和改建中的意义。

(一)凯文·林奇城市意象的概念

凯文·林奇教授的城市意象主要是指通过人们对城市空间环境的心理印象,来评价城市的客观形象,他提出:环境意象是观察者与所处环境双向作用的结果,所谓"公众意象"就是大多数城市居民心中拥有的共同印象。

(二)凯文·林奇的学术思想

1. 城市意象的五个要素

(1)道路:道路是观察者习惯、偶然或是潜在的移动通道,它可能是机动车道、步行道、长途干线、隧道或铁路线,对许多人来说,它是意象中的主导元素。人们正是在道路上移动的同时观察着城市,其他环境元素也是沿着道路展开布局,因此与之密切相关(如图4-2-3)。

(2)边界:边界是线性要素,它是两个部分的边界线,是连续过程中的线形中断,比如海岸线、铁路线的分割,开发用地的边界、围墙等(如图4-2-4)。

图 4-2-3　纽约街景(引自凯文林奇的《城市意向》)　　图 4-2-4　马来西亚古晋(Kuching)滨水区岸线

(3)区域:区域是城市内中等以上的分区,是二维平面,观察者从心理上有"进入"其中的感觉,因为其具有某些共同的能够被识别的特征。

(4)节点:节点是在城市中观察者能够由此进入的具有战略意义的点,是人们往来行程的集中焦点。如广场、城市道路十字交汇点或会聚点、运输线的起始点等。

(5)标志物:标志物是另一类型的点状参照物,但不同于可以"进入"的节点,它们往往是物质实体,如建筑物、标志牌或山头等。[1]

2. 用视觉形象来讨论城市的可读性、可见性所产生的可意象性

所谓的可见性就是容易认知城市各部分并形成一个凝聚形态的特征,林奇认为一个可见的城市,它的街区、标志物或是道路,应该是容易认明的,进而组成一个完整的形态。虽然城市可见性不是一个美丽城市的唯一重要特征,但是当涉及城市的环境规模、时间和复杂性时,它具有特殊的重要性。城市的感知者借助各种各样的线索,如对色彩、形状、动态或是光线变化的视觉感受,及听觉、嗅觉、触觉、动觉等来认识城市,感知城市。他首先认定"可见性"在城市布局中关系重大,进而通过具体分析,说明这一概念在当今城市重建中的作用。形状、颜色或是布局都有助于创造具有个性活动、结构鲜明、高度实用的环境意象,即更高意义上的"可见性",也可以称为"可读性"。

在城市意象中研究的重点是作为独立变量的物质环境,探索的是与人们心中意象个性和结构特点有关的物质特征。因此"可意象性"就是有形物体中蕴含的,对于任何观察者都很有可能唤起其强烈意象的特性,它是建立在可见性以及可读性的基础之上的。

3. 城市单体意象的特点

一个意象要在生活空间内充当导向作用,它必须具备几个特点。首先在实用性上,它应该充分而且真实,个体能够在一定范围的环境内工作。其次,它应该具有安全性,拥有附加线索。开放的、适于变化的意象将更受欢迎。最后,它应该有一部分意象可以传授给别的个体。

一个"好"的意象,对于不同的人在不同条件下也是不同的,有人赞美经济、有效的体系,而有人喜欢开放、可借鉴的体系。因此城市的意象性是因人而异的。

小　结

在本章第一节介绍了艺术至境理论在城市景观设计中的运用,分析了城市艺术至境三个层次的具体概念、其形成的过程以及城市意象与城市意境的区别。第二节介绍了在中西方城市景观设计的艺术至境中起到举足轻重作用的两大理论体系,即我国古代的传统风水观以及由此衍生的山水城市理论和西方20世纪中叶凯文·林奇教授深化的城市意象学说。

城市滨水景观设计是城市景观设计的一个重要组成部分,分析城市景观设计中的艺术至境理论,为将艺术至境理论运用于城市滨水景观设计打下了坚实基础。

---

[1] [美]凯文·林奇;方益萍,何晓军译.城市意象.华夏出版社,2001.

第五章 城市滨水景观的意象设计

城市滨水空间是城市空间的一个重要组成部分,我们可以从城市意象的概念中得出城市滨水景观意象的概念:人们在心理上对城市滨水景观形象的客观印象。由于滨水区在城市中所处的特殊地理位置,城市滨水景观中的意象设计在整个城市空间的意象设计中尤为重要,其设计成败在很大的程度上左右着一个城市整体的意象设计。

在前文中,我们已经提到影响城市艺术至境设计的中西方两大理论,而这两大理论对于城市艺术至境最主要的影响还是意象设计,凯文·林奇的城市意象设计理论注重意象元素的设计,而我国传统风水观着重于对城市整体意象的设计。因此在这一章第一节,我们将以凯文·林奇的城市意象设计理论为基础讲述城市滨水景观中的意象元素,而在第二节我们将以我国传统的城市设计理念,以传统风水观为理论基础讲述城市滨水景观整体意象的塑造方法。

第一节 城市滨水景观的意象元素

我们所说的城市滨水景观的意象元素就是指凯文·林奇教授城市意象学说中的五大元素:区域、边界、道路、节点以及标志物。

一、城市滨水景观中的区域规划和边界作用

城市滨水地带的地域范围可大可小,如果是滨河地带的话可能就是一条带状的地区,但如果是滨湖或是滨海区域的话,其范围就可能很大,有可能整个城市都属于滨水地带,例如人们到了杭州几乎将所有的景观意象都与西湖联系起来,西湖已经成为杭州最为重要的意象。当滨水地域范围很大时,人们总是把它当作城市中一个独立的区域而进行记忆,滨水区不仅仅只是一条滨水大道,而是一个综合的区域,其整体规划应当得以体现,以提高在人们心目中的意象作用。

边界是一种线性要素,它通常是两个地区的边界,相互起侧面的参照作用。因此,水体的岸线是城市意象中显著的边界元素,特别是海岸和湖岸线这个意象更加明显(如图 5-1-1)。但是,这个边界的明显程度与周围的环境有着密切的联系,如果人们的视线被高大的建筑物所遮挡,即使离水体很近的地方都不可能将河道与自己所在位置相联系,因此,一般不主张在邻近水域的地带建高层建筑物,滨水建筑的高度应得到良好的控制,以保证滨水区空间的开敞和具

有通透的感觉,如果必须建高层,也要考虑不遮挡其后面建筑物,应在景观最好的地方感受水体的存在,使水岸的边界作用有连续性,使人们对这样一个重要的城市意象元素有更深刻的印象。

图 5-1-1 大连的海岸线成为城市鲜明的边界

水体岸线是一个城市十分重要的边界元素,因此对于水岸的设计尤为关键,水岸的造型直接影响着这一边界元素的亲水性和可达性。不同的岸线形式可以创造出不同感觉的滨水空间。

1. 直立形断面

在很多驳岸的规划中,由于受水利工程的限制很大,所以在设计时,只能使高水位和低水位间落差较大,有时防水堤也只能高过活动空间,所以亲水性较差,更谈不上生态性了。

2. 退台式断面

亲水是人的天性,但很多城市的滨水区往往面临潮水、洪水的威胁,设有防洪堤、防洪墙等防洪工程设施。退台式断面可从根本上解决这一问题,人们可以根据不同的水位情况选择不同的活动层面,滨水空间也得以扩大。悉尼歌剧院滨水岸立体处理和南京夫子庙滨水带处理(如图 5-1-2)取得了良好的效果。此外,芝加哥湖滨绿地中,也运用了退台式的断面处理,如图 5-1-3 的断面示意,按淹没周期,分别设置了无建筑的低台地、允许临时建筑的中间台地和建有永久性建筑的高台地三个层次,有效地解决了亲水性这个滨水区长期存在的问题。

图 5-1-2　夫子庙滨水带两层平台(摄于南京夫子庙)

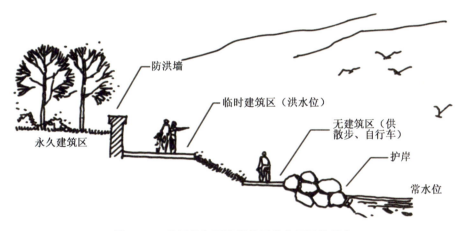

图 5-1-3　美国芝加哥滨湖地区分为三层的平台

3. 生态型断面

生态型断面形式很有自然气息,能维持陆地、水面以及城市中的生物链,尽量保留、创造生态湿地,这就是所谓的"生态驳岸"。

二、城市滨水景观中最璀璨的明珠——标志物、节点

节点是各元素之间的连接点,它可大可小,可虚可实,如较小的实用性节点公交车站、码头等,也可以是较大的如广场、公园绿地等,虽然这些物质形式是无形且模糊的,但它们却形成了鲜明的意象,与其他道路的联系也很清晰。如威尼斯,圣马可广场应该算是大运河上最重要的意象,虽然圣马可广场是一个封闭的广场,在很多地方是看不到大运河的,但是身在广场就会想到大运河,而威尼斯居民只要一提到大运河也会自然而然想到圣马可广场(如图 5-1-4),这就是一个意象元素将一部分意象传递给了别的个体。

图 5-1-4a　威尼斯圣马可广场夜景

图 5-1-4b　威尼斯圣马可广场（摄于意大利威尼斯）

滨水景观的标志物是多种多样的，可以是建筑物，也可以是桥梁或是著名的景点标志物。如上海外滩旁的标志性建筑"东方明珠"广播电视塔，所有到外滩的游人都会看到这座亚洲第一的电视塔雄立在黄浦江畔，近旁的国际会议中心与之交相辉映，它们成为外滩的标志物。悉尼的港湾大桥和纽约的金门大桥也都成为各自城市的标志物,杭州西湖的十景则成为西湖的标志物。标志物的另一个形式就是公共艺术设施,其中雕塑是公共艺术中很重要的组成部分,它在滨水景观中的意象更加鲜明,如上海外滩上矗立的世纪雕塑就是一个典型的城市滨水景观标志雕塑,而在大连世纪公园中,雕塑已经成为其一大特点。

滨水景观意象的标志物中,我们不能不提到塔和各式的楼阁。杭州是一个多塔的城市,其钱塘江畔的六和塔就是取佛教"六和敬"之意,但是塔的建造却与佛教建塔的本意无关,而是与钱塘江怒潮有关。钱塘江大潮常常淹没良田、泛滥成灾,当年吴越王为了镇江潮而建了六和塔,水边之塔在中国传统建筑中多用来镇江河的水患,以及作为江河的夜航航标。除了塔之外,中国古代还盛行在水边建筑楼阁,以便能在高处观赏江河的美景。具有江南"三大名楼"之称的岳阳楼(如图 5-1-5)、黄鹤楼、滕王阁均建在水滨。

图 5-1-5　岳阳楼矗立在烟波浩渺的洞庭湖边

三、滨水景观中的交通网和其组成元素

道路在滨水景观中的规划较之一般城市道路复杂,因为它是水陆交通的交汇处,因此要整体考虑水上交通和陆上交通的连贯性,还要考虑车流和人流的分离,所以在国外有的城市将过境的行车道置于地下,以缓解交通压力,将滨水区尽可能还给行人,但是在国内一般很少有这种做法。

滨水景观中除了交通道路以外,还有很多辅助的交通枢纽和交通工具,这些意象元素是滨水景观所特有的,它们成为滨水景观的亮点。

1. 滨水景观中的重要枢纽——桥梁

桥可能是滨水景观中最富有特色的意象元素,因为只有在滨水景观中它才会出现,正是桥梁将两岸的景观集结。桥的形态千变万化,不同的材质表现出不同的韵味,有江南水乡小桥流水人家那样的古朴典雅,有像美国金门大桥那样宏伟壮观的现代风格的交通桥。桥在滨水意象中很难分清楚到底是节点还是标志物,因为它是水景中主要的连接水体两侧的交通枢纽,所以可以将它归为道路的一部分,但是如江南水乡和水城威尼斯那些隔不远就会有的一座小桥,则是一系列连续的节点,而像美国的金门大桥(如图5-1-6)和悉尼港湾大桥又成为整个城市的标志性建筑。

不一定是大型桥梁才成为一个城市的标志物,如图5-1-7是周庄的双桥,由世德桥和永安桥纵横相接,石阶相连,组成双桥,聪明的工匠在此联袂建造两座石桥,桥面一横一竖,桥洞一方一圆,样子很像古代

图 5-1-6　美国旧金山金门大桥

的钥匙,所以人们又称之为钥匙桥。1984年,旅美上海青年画家陈逸飞,以双桥为题材,创作了一幅题为《故乡的回忆》油画,让世界上越来越多的人领略了周庄古镇秀美的风光,古朴的风韵。双桥,不是钥匙,胜似钥匙。

图 5-1-7　陈逸飞梦中故乡的桥(摄于苏州周庄)

图 5-1-8　婺源河边淘米的亲切景象(摄于江西婺源)

桥梁在滨水景观中还有另一种作用,由于它的存在,使原来较为平面的滨水景观成为多维的空间构成,使得滨水景观意象更加生动、丰富。

2. 码头——人与水对话的渠道

码头是滨水景观中特有的意象节点元素,它既有交通运输枢纽的功能,又可以使滨水意象更有其独特的风韵。当我们问起江南的老人,对于水乡的河道的最深刻意象是什么时,他们一定会提到小桥和河埠头。这种小码头的作用是巨大的,人们的日常生活离不开它们,清晨早起,妇女们聚在河埠头淘米洗菜、洗衣物(如图 5-1-8),这成了她们每日必到的场所。码头也是当时坐船出行的交通港,绍兴三味书屋前的码头见证了鲁迅先生坐着乌篷船出行看社戏(如图 5-1-9)。虽然现在这些埠头已经失去了往日迎来送往的风光场面,但是它终究作为一种往日的风情意象流传至今,而且这些河埠头还增加了水和人的亲和力,因此在现代滨水景观规划设计中,出现了与河埠头功能相似的递推式台阶。它一般伸入水体中一至两个台阶,而且沉于水中的台阶宽度一般比陆上的台阶大得多,便于游人与水体亲密接触。这些亲水性的设计得到了人们的喜爱,下水游玩的多是可爱的孩童,青年人和中老年人有时也会下水一嬉。这种与自然面对面的交流在现代都市生活中已经很少了,除了小巧玲珑的小码头——河埠头外,在现代的交通要求下,大型的港口码头也在滨水区应运而生,虽然它们没有河埠头那种亲和力,但也成为滨水意象中的主要节点(如图 5-1-10)。

68 / 城市滨水景观的艺术至境

图 5-1-9　浙江绍兴三味书屋码头（摄于浙江绍兴）

图 5-1-10　摩纳哥蒙特卡洛的游船码头

图 5-1-11 贡多拉是意大利威尼斯的象征

3."一叶扁舟"形成了滨水景观的一道亮丽风景

有水就有舟。威尼斯市区的面积仅仅 5.9km², 既无汽车,又无马车,只有往来如梭的"贡多拉"(如图 5-1-11),人们到威尼斯除了把"贡多拉"当成一种交通工具外,还有只有在"贡多拉"上才能将激发人思古幽情的威尼斯建筑尽收眼底。当我们划一叶小舟荡漾在河间、海上,恍若置身于水晶宫中,到了另一个世界,就这样,一个意象元素将另外的意象元素串联了起来。

第二节 城市滨水景观的意象设计原则

以上我们分析了城市滨水景观中各个元素的特点,但那只是对单独的意象元素进行阐述,在城市滨水景观的意象设计中,应该考虑到各方面的因素,使城市滨水景观意象设计充分发挥其应有的作用。

一、影响城市滨水景观意象设计的因素

城市滨水景观的意象设计是一个综合多方面因素的集合体,它受很多方面因素的影响。特定的风土文化环境,特定的地理气候和生态条件,特定的开发体制等都决定了一个城市滨水景观意象设计的独特性。

(一)自然因素

自然因素对于城市滨水景观的意象设计有重大影响,其中包括地理、气候、地质地貌等。在对城市滨水空间进行意象设计的时候,要充分考虑到自然水体所处的地理条件的影响,

如滨海、滨江、滨湖、滨河等不同地理位置可以产生不同的意象景观。在滨海地区应该充分利用其沙滩和宽阔的自然水体,创造良好的亲水空间;滨湖地区虽然也存在大面积的自然水体,但是由于处于城市这一特定的空间中,很少存在湿地空间,所以在设计的时候亲水性虽然很重要,但不可能像在滨海地区那样使游人与水亲密接触,而且一般要考虑到防洪;在滨河、滨江地区,由于防洪问题,要重视对水体岸线的意象设计。

除了地理以外,城市处于何种气候带对于滨水区的景观意象设计也有很大影响。同样是滨河地区,刚果河和黄河就有不同的景象,在设计的时候也应该有所考虑,处于热带雨林气候的刚果河常年水量充沛,水位变化比较小,在设计的时候就不用考虑水位的变化,而处于温带的黄河由于冬夏的水位变化很大,因此在设计的时候就要利用这种由于季节气候的变化所形成的独特景观。

(二) 人文因素

人文因素包括很多方面,如所处的历史时期、地区的经济实力、人民的生活方式、人民的综合素质等。这些方面都对城市滨水景观的意象设计有着深远影响。

当年在海口的城市建设中,就有这种由于城市居民思想不同而出现的两个极端的理想城市意象。海口的人口构成主要有两部分:一部分是当地原有的居民,包括海口本地人及新中国成立以来历年支援海口工作和建设的内地移民;另一部分则是建大特区时"十万人才下海南"由大陆内地迁移过来的工作移民。从总体上讲,后一部分居民大多具有相当的专业技术和管理知识,是建设海口的主导决策力量和操作者。海口的部分领导、专家和海口本地居民心目中的城市滨水景观的意象可以这样表述:海口应是一个现代化的、具有热带滨海城市风貌和良好生态环境的、反映海口特定的历史文化内涵和居住生活心理的国际性港口都市。根据这一目标,城市形体环境意象中,街道应由骑楼和充足的绿化簇拥组成;建筑具有南洋风格;滨海应有大片热带树林作为自然庇护系统和"边缘"缓冲带;海湾和南渡江等水面既是海口边界,又是其气候和生活方式的一部分,同时也是主要景观的焦点和人们的活动场所。但是,今天的海口市正处于各种观念和建设意象的交错冲突之中。许多外来的投资建设者,在特区大开发、大建设、超常规发展的形势下,忽视了海口作为一个热带滨海城市的环境特质和文化底蕴,以西方国家大城市发展和建设模式为摹本,追求高楼大厦、车水马龙、城市广场、通衢大道、全空调的建设标准,而不是实事求是地看待热带滨海城市特定的历史文化和环境特点。不仅如此,从房地产经营的角度出发,这些外来投资者置原有社会文化连续性和热带生态环境标于不顾。比较上述两种相悖的城市滨水区意象,到底哪一种更科学合理,真正符合世界热带滨海城市发展的主流是显而易见的。

经济制约着城市滨水景观意象设计,不同城市的滨水意象设计都要根据不同的经济发展水平来整体规划。在苏州金鸡湖开发中运用的大规模手法如果出现在一个比较贫困的地区,那是不可取的,各地的城市景观设计都要符合当地的实际情况。

二、城市滨水景观整体意象设计原则

我们不能只是将单个的意象元素简单地罗列起来,而应该将它们作为一个整体来考虑,进行合理的安排。要营造这样的整体意象须遵循一些具体的设计原则。

(一) 符合城市整体的历史文化

格式塔心理学的研究认为,在我们对物体的感知中,整体先于部分而存在,并制约着部分的性质。城市滨水区属于区段级的城市意象,它是城市的一个重要区域,而自然水体又是城市的自然边界,因此它应该符合一个城市的整体文化历史内涵。天际轮廓线作为一个整体,往往被抽象为滨水城市空间的区域形象的代表,成为具有象征意义和地标性质的景观。

城市意象是城市景观、风貌在心理上的储存、记忆,那些形态、性格独特新奇的环境(实体、空间)容易形成城市的重要意象。城市整体意象是许多意象的集合,如苏州充分利用纵横交错的水系为主题,

图 5-2-1　周庄北市河两岸的水乡建筑(摄于苏州周庄)

构成一个很有特色的城市网络,结合水道边的白粉墙、小青瓦和街市则创造出具有东方情调的江南水乡城市意象(如图 5-2-1)。南京城市是以"虎踞龙盘"的格局建设的,因此在对玄武湖、莫愁湖、秦淮河等重要滨水区进行规划时就应该延续这种城市的格局。台湾地区的基隆市因港湾外窄内宽,形似鸡笼,整个建成区围绕此港湾布置而构成"鸡笼"的形态,在今后的建设中就不应该破坏这种美好的城市整体意象。常熟的"七溪流水皆通海,十里青山半入城"城市整体意象是远近闻名的,虞山山麓的一段伸入城市中心,作为"言子墓"的入口。而山之阳面湖,城市虽小,但气势浩大。桂林自古就有"城市山林自郁葱"之说,独秀峰耸立城市中轴线上,群峰环抱,与漓江结合为一体(如图 5-2-2)。而福州三山鼎足而立,前有五虎山,后有莲华山,东西两湖映带(只是后来东湖干枯了),并有旗山、鼓山侍立左右,整个城市是逐步建设、长期经营才形成独特的格局(如图 5-2-3)。

我们在进行城市滨水景观整体意象设计的同时,要注意不与城市的整体意象相悖,也不能破坏城市原有的整体意象格局。

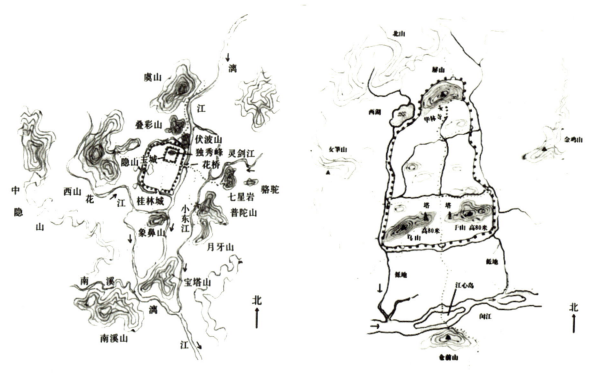

图 5-2-2 桂林城市的平面图　　　　图 5-2-3 福州城市平面图

(二)易识别性

在目前的城市滨水景观设计中,存在着一种设计雷同的误区,大型的广场、大片的草坪、成排的路灯,有时甚至连水边的建筑物都基本上是相同的,让人感觉不到身在何处。因此,在城市滨水景观的意象设计中,应该注重其易识别性,让人们能够一下子就知道自己身处的环境。应通过单个意象元素的个性化设计,以及各元素之间的良好组合,形成鲜明的意象性。

当人们来到武汉这个城市的时候,最先感受到的城市意象就是黄鹤楼、长江大桥和电视塔。其实,虽然黄鹤楼十分有名,但全国各地与之相似的楼不计其数,而长江上的桥梁也是数不胜数的,电视塔更是几乎每个城市都有。然而,人们却能够一眼就认出它,那是因为这三个武汉长江之滨的意象标志物形成了一个让人难以忘怀的整体意象,龟山电视塔与蛇山的黄鹤楼遥相呼应,其塔尖直刺苍天,而武汉长江大桥作为万里长江第一桥,又有其重要的历史意义和重要的功能,这三个体量庞大、象征着不同历史时代、功能各异、造型各具特色的标志性建筑巧妙地结合于江汉交汇之处,将城市的地理特征、历史与文化、时代精神都凝聚其中,堪称绝景,自然而然地被公认为城市的象征,与其他城市的长江滨水区有着明显的不同,因此有着良好的易识别性。

瘦西湖湖面不大,水面狭长曲折,在最宽阔的湖面上耸立着瘦西湖中最显著的意象节点组合——白塔和五亭桥。其实,在我国许多地方都有白塔,如北京北海的白塔,只是瘦西湖的白塔比例较为秀匀,亭亭玉立,停云临水,有别于北海的厚重,但乍见之下,游人很难分辨出究竟自己身在何处,可见单个意象元素的识别性是较差的,只有当多个意象组合在一起的时候,才能形成很好的整体意象。当我们从钓鱼台两个圆形拱门远眺,白塔与五亭桥分别印入两个圆门中,构成了极空灵的一幅画面,就会深刻地体会到我们是身处扬州的瘦西湖畔,白塔与五亭桥两个典型意象的组合,很好地突出了整个瘦西湖地区的意象易识别性,每一个到过瘦西湖的游客都会清晰地记住这种妙不可言的构图,即使只是见到局部的照片,也能够一眼看出是瘦西湖(如图5-2-4)。

图 5-2-4　江苏扬州瘦西湖白塔与五亭桥构成的典型意象组合(摄于江苏扬州)

(三) 优化效应

所谓的优化效应是指要以主要意象景观为重点加以突出,其余的意象服务于主体意象,而不能喧宾夺主。

现代的城市滨水景观意象设计,往往以欧美的现代化设计理念为中心,而这些在很大程度上与我国传统的滨水景观设计手法相悖,于是就产生了很大的矛盾。以福州为例,在三山鼎立的中轴线上矗立着一座混凝土的大山——高层建筑,它庞大的体量与错误的位置,使"于山"与"乌石山"及该山的两塔大为失色,这已是前车之鉴。因此在苏州,就规定古城区不能建造超过7层的建筑物,这样才符合江南水乡小桥流水人家的整体意象风格。而在杭州西湖边耸立的过多的现代化高层建筑也对西湖的整体意象有所折损。

（四）改造自然和尊重自然的辩证关系

改造自然与尊重自然始终是辩证的关系，我们要在实践中寻求正确解决这对矛盾的方法，建设真正的山水城市。三亚市的填河之争，很是让人深思。从1983年起，三亚就开始填河造地，三亚港发生淤浅的情况也逐渐严重：60—80年代，20多年从未开挖，水深一直保持在4米左右，1980—1985年开挖一次，1985—1990年为了清淤港口，已三次挖泥。填河造地危害明显：使三亚河潮位提高，延长了农田受淹时间，破坏原河道河滩植物与水下生物的生态环境，越来越依靠挖河床来增加"纳潮期"（即河床的蓄水量），三亚港的淤积速度加快。

小　结

滨水景观在整个城市规划中常常起着画龙点睛的作用，它给城市居民的意象是特别深刻的。意象是体现一个城市景观设计风格之所在，因此在滨水景观的设计中，应该使这种城市的整体意象延续下去。在现今越来越注重回归自然的环境景观设计中，滨水景观的设计将越来越被重视，而将意象学运用于景观设计是将设计升华到一个更高境界的体现。

第六章 城市滨水景观的意境设计

意境是艺术至境中最高的层次,因此在城市滨水设计中,意境设计是设计师所追求的最高理想。意境的形成需要多方面因素的综合,在以后章节中我们将一一讲述各种因素对意境设计的影响。

在设计时追求意境是中国传统空间设计与外国空间设计的一个重要区别。意境的体现,必须有使用对象的积极参与,这是一个从设计到欣赏的较复杂的过程,成功的意境设计,可以能动地争取使用对象的参与,这正是常说的"触景生情"。

第一节 意境与历史文脉

历史文脉对于整个城市意境的形成有着特殊的作用,而滨水区往往又是在原有的旧规划基础上重新改造的,因此在对于如何利用好一个城市原有的风格问题上有很多值得商榷的地方。历史的文脉包括多方面,可以是民族文化、宗教、历史等因素。

一、历史建筑创造的奇迹

建筑是一个城市的灵魂,在滨水景观中,建筑也是产生意境的一种重要手段,历史建筑传承了一个城市的文化。在当今现代化的一成不变的方盒子式建筑格局中某一建筑若能够脱颖而出,将成为城市滨水景观意境中的一个亮点。

新加坡河被人们亲切地称为新加坡的"生活之河",其不仅有地理上的特色,而且有其历史与传统。沿河有大量的具有传统文艺价值的建筑,最为著名的是九座经过精心设计的有古雅灯柱装饰的桥梁,它们把河流南北两岸连接起来,并一直延伸到码头的台阶,形成一系列连续的城市滨水景观的意象节点。人们漫步在古色古香的桥面上,观赏着两岸保存良好的东、西方混合式的旧建筑,西式的柱式、圆拱门、高窗、弓形的步道以及中式的屋瓦顶、有趣味的庭院,会使人浮想联翩,产生一种思古的意境。

在后现代主义盛行的今天,人们已经对流行了几十年的现代建筑单调、简单的方盒子形式感到不满,开始怀念历史建筑物的丰富细部和它的人情味,而在滨水区恰恰拥有大量的历史性建筑,利用好这些原有的建筑可以很好地将传统建筑风格延续下去。美国巴尔的摩港区把原来的发电厂改成了科学历史博物馆。悉尼的"The Rocks"项目把原来的旧仓库改为热闹又有特色的商业购物街。新加坡在"游艇码头"改建中保留了有东方特色的旧建筑,现在这一条东方式的商业街成了最吸引游客的场所之一。相比之下,日本对滨水建筑法令规划有很详尽的规定,在实际规划操作方面也是严格把关,但是在对传统滨水建筑的保护方面却做得不够,一方面是由于日本的滨水地区往往是新填海而成,缺乏可利用的旧建筑;另一方面,开发商有着崇新崇洋心理,偏好学习欧美的风格,而忽视了日本本土的传统特色。在老式的建筑中流连的时候,往往会使游人产生回到百年之前的历史之中的感觉,在比利时古老的城市布鲁日沿河岸漫步的时候,会有重返古老欧洲的感觉(如图6-1-1)。

图6-1-1 比利时布鲁日沿河的历史建筑

二、宗教的魅力

除了传统文化以外,宗教在整个城市滨水景观的意境中也起着很重要的作用。在前面我们提到佛教中常见的塔和阁楼等意象元素在滨水景观中已经出现,很多我国传统的滨水景观中也运用佛教思想来构思景观,如普陀山是一个海中的小岛,又是中国佛教四大名山之一,普陀山素负"海山第一"盛名,向以"海天佛国"、游览胜地著称于世,普陀山上所有景观几乎都与佛教有关。

不仅是我国,在世界各国的滨水景观意境设计中,都将宗教看作一个重要的元素,最著名的应该是印度恒河上的大台阶了。在印度教徒的心目中,恒河是最神圣的河流,而位于北方邦东部恒河岸边的瓦拉纳西则是最神圣的城市。相传恒河是女神的化身,为冲刷大地的罪孽而下凡,为了挡住过猛的水量,印度教主神之一的湿婆神披散头发,站在喜马拉雅山南麓,让大水顺着她的头发缓缓流向大地。湿婆神在6000年前"创建"了瓦拉纳西。因此,瓦拉纳西成为朝拜湿婆神的中心,城内建有数百座大大小小敬奉湿婆神的庙宇。教徒们笃信,在圣河恒河中沐浴,可以洗净一生的罪孽,喝了恒河水,可以延年益寿。在瓦拉纳西长约10km的河滩上,几乎筑满供人下河沐浴之用的台阶,每天来自印度各地的沐浴者络绎不绝。如图6-1-2所示,层层台阶好似通往天国的道路,引领着人们走向光明,人们是如此虔诚,在这样的景观中也感受着宗教的庄严。

图6-1-2　印度伸入恒河的大台阶

综上所述,在滨水景观的意境中,传统文脉是十分重要的一个创造元素,只有传统中优良的东西才能够世代传承,也才可能产生出有特色的意境。

第二节　意境与色彩

色彩在人们的生活中是一个重要的元素,色彩可以使人们产生复杂的感情,因此色彩是意境忠实的守卫者。在滨水景观中,自然水体的色彩占有很大的比重,也作为其他景观的背景颜色,而水体丰富的色彩以及由于倒影所产生的变幻色彩为整个滨水景观增色添彩,也使其富有美好的意境。

色彩本身就会产生一种意境的感觉,比如说红会给人以热情、奔放的感觉,而蓝色带来忧郁,黄色代表希望、愉快,紫色充满着幽婉、高贵、神秘的气质……除了单色调给人以情感外,复合的色彩更给人以多变的意境,这些都在滨水景观中有所体现。

一、传统建筑色彩

在滨水空间中,围合空间的都是实体建筑,因此建筑物的色彩在城市滨水景观意境设计中起着很重要的作用。特别是那些具有传统文化特色的建筑物的色彩,就更是意境产生的重大源泉了。

在苏州,沿河两岸都是粉墙黛瓦的建筑,虽然是比较单调的黑白色彩,但是一点也没有给人以呆板的感觉,相反,舟行其中会产生一种江南水乡所特有的意境。而在意大利列伏努边的渔港中,地中海风光永远具有对游客的吸引力,色彩丰富的传统建筑和同样色彩斑斓的小游船与水中的倒影交相辉映,简直就是一幅风景油画,人们徜徉在如此富有传统历史风格情调的景观中,会产生一种诗情画意的意境(如图6-2-1)。

图 6-2-1　意大利列伏努(Livorno)边地中海风情的建筑犹如一幅色彩浓郁的油画

二、灯光色彩

白天我们感受着城市滨水景观中的实体构筑物带来的色彩意境,在夜晚来临之际,滨水区的照明又给我们带来了另一种不同的色彩感受。由于水面的作用,滨水区夜晚的色彩变得更加丰富多彩。灯光的不同的色彩搭配使夜晚的滨水区呈现出一种柔和迷人的意境。

水体的流动性造就了滨水区夜景的流动性,就整个滨水区而言,艺术的灯光使其成为城市的流动空间。如图6-2-2所示,成片的橙黄的灯光和高照度的大厦灯火使夜晚的芝加哥密执安湖整个滨湖区都呈现出一种流动的美。除了水体的流动性产生的灯光色彩意境之外,由于水体的反射功能,使滨水区的夜晚充满神奇的梦幻般色彩。悉尼是一个灯光色彩丰富的城市,我们可以从图6-2-3、图6-2-4、图6-2-5、图6-2-6中看出,多彩的霓虹灯使悉尼变得多姿多彩。多变的灯光形成了五光十色的滨水空间,特别是当这些灯光映照在水中的时候就更显得光怪陆离了,这种奇景是滨水景观所独有的,因此在规划设计的时候要更好地利用这一得天独厚的水文景观。

除了采用多种色彩的灯光变化来创造意境之外,在照明设计中还要注重灯光色彩与周围环境的结合。法国里昂塞纳河左岸的国立音乐学院,建筑物所使用的昏黄色的钠灯和蓝色日光灯的反差给人以深刻的印象,这里运用了色相冷暖的对比,背景的大面积黄色和日光灯蓝色的点光源形成了视面积的对比。这样的对比形成了一种优美、神秘的色彩意境。

图 6-2-2　成片的橙色灯光和高照度的大厦灯火使夜晚的芝加哥呈现一种动态美

图 6-2-3　色彩变幻的城市——悉尼的夜景(一)

图 6-2-4　色彩变幻的城市——悉尼的夜景(二)

图 6-2-5　色彩变幻的城市——悉尼的夜景(三)

图 6-2-6　色彩变幻的城市——悉尼的夜景（四）

三、材质色彩

构筑物材质的色彩是构成城市滨水景观色彩的主体，不同材质具有不同的色彩，有时相同的材质也会具有不同的色彩，而这些不同色彩的材质组合在一起形成了滨水区多变的色彩意境。

材质色彩意境的产生，可以是由于一种材质如金属材质、玻璃材质等在不同的场合中色彩随着周围环境变换的结果。如美国圣路易斯市密西西比河滨的大拱门（Jefferson National Expansion Memorial）正是这种景观的典型代表，由于其外表面贴了不锈钢片，所以，在不同的光线下有不同的光彩：在日光下，拱门反射着周围景物的色彩（如图 6-2-7）；在夕阳下，拱门成了一座金门（如图 6-2-8）；在月光下，拱门散发出银色的光芒（如图 6-2-9，图 6-2-10）；在深夜，拱门由于灯光的照射变成了黄绿色（如图 6-2-11）。由于不锈钢这种特殊的材质，才产生了变幻多端的色彩，人们在不同的时刻观赏拱门都会有不同的感受，而且由于拱门的体量庞大，其底宽 192m，最高点也为 192m，只要拱门有些许变化就会使人产生雄壮、绚丽的意境。

82　/ 城市滨水景观的艺术至境

图 6-2-7　美国圣路易斯密西西比河边的大拱门日景

图 6-2-8　夕阳下的大拱门

图 6-2-9　月光下的大拱门（一）

图 6-2-10　月光下的大拱门（二）

第六章 城市滨水景观的意境设计 / 85

图 6-2-11 灯光映射下的大拱门

除了这种特殊的随着环境而改变色彩的材质外,也应当注重运用各类不同的材质色彩的组合,如金属和石材、木材和石材等的组合。这些材质由于肌理不同,也具有不同的色彩,所以,结合在一起的时候将会产生特定的意境效果。滨水平台如果采用木质地面的话,原木柔和的色彩将会使人们感受到身处大自然的意境,与周围的金属材质的组合也不会显得突兀。

而相同材质的景观设施,也可以产生出乎意料的色彩意境效果。如图 6-2-12 是美国圣安东尼奥(San Antonio)滨河步行街旁的水边餐馆的遮阳伞,虽然是相同材质的布料,但是由于色彩的变换,在浓浓的绿意中形成一串跳动的音符,沿着河岸一直延伸着,而且多变的伞的造型及色彩也造就着河畔的多元文化,使整个城市滨水空间令人难忘(如图 6-2-12)。

图 6-2-12　跳跃的遮阳伞形成了一串跳动的音符

第三节　意境与空间

一、城市滨水空间意境的产生过程

舒尔茨·C.N 将人对空间的认识分为三个大的层次：景观空间层次、城市空间层次、建筑空间层次，而城市滨水空间属于城市空间这一层次。

景观空间层次：这是社会和自然空间互动的结果，形式关系不太清晰。在这个层次中，城市作为其中心，景观图式是通过人的活动与地形、植被、气候等自然因素的相互作用建立起来的。

城市空间层次：这是人和人为环境互动的结果，其结构作为整体是人们生活的场所。作为人类的聚居地，在城市中人通过共同的居住生活达到相互认同，体现出人与人的交往关系。因此，城市空间是社会的、公共的居民共享的空间。

建筑空间层次：体现了人的自身活动和空间的私密性，是人最亲近的场所，这种空间往往指建筑内部空间。

城市滨水景观设计中由于空间感而产生意境是一个复杂的过程，即空间形态—空间意象—空间意境。

空间形态是指可以度量的空间，是人们感知、体验空间的基础，是以长宽高来限定的三维空间。在此层次上，城市景观设计强调实体与空间的关系，较多重视空间形态的连续性，体现

"整体设计"的思想。

空间意象是指作为人观察的实际空间视觉效果。这一层次是穿越城市空间时感觉到的空间尺度,它的特点是有视觉联系、有过渡,这种意象的效果通常反映在动与静两个方面。

空间意境是人们通过感知获得的对空间的心智想象,城市空间的意境层次是建立在人的空间体验基础之上的,并以潜意识作为背景。由于文化、生态、社会等因素的作用,因而空间意境是多维的空间系统,是人对空间的知觉想象的总和。在这个层次上,可通过空间定位、认同感、多样性等影响人的意识;但另一方面,不同的历史时期、社会意识形态、生活方式对人的不同影响,增加了城市景观设计的不定性和复杂性。

二、滨水景观的空间意境感

在城市滨水空间中,意境的产生主要靠两种方式,一种是空间的流动性,另一种是虚复空间所营造出来的梦幻效果。

(一) 空间的流动性

所谓空间的流动性是指由空间的有机组合、延伸、渗透形成的流动空间。

滨水景观设计,是将多种类的空间有机地组合在一起形成整体的滨水景观,这些空间包括自然水景、广场、街头绿地、道路等。一般来说,严格按照四方建成的空间只可能有两三个不同特征的景色,只有通过不同的空间组合才能产生多视角的不同空间感受。空间的有机组合形成了变化多端的空间效果,使人们在欣赏的时候可以多角度、全方位地领略其奥妙。意大利威尼斯的圣马可广场是一个典型的空间组合的例子,它成功运用了空间不同的形状、大小的组合,圣马可广场由三个大小形状不同的空间组成。几个组合在一起的广场对于从一个广场进入另一个广场的人会产生十分深刻的印象,步移景异,会使人得到变化无穷的印象。每一个广场都可以有十多个从不同视点拍摄的为人们熟悉的景色,各自展示出全然不同的画面,变化之多,使人难以相信它们全部摄自同一地方。

现代城市滨水景观设计中很好地运用了空间的流动特性,如青岛的栈桥就是将空间延伸至自然水体上,使滨水空间显现出与水体相同的流动的感觉,这仅仅只是很小的空间延伸(图6-3-1);美国芝加哥著名海军码头经过改造以后呈现出整体浮于海上的感觉,将滨海的整体空间流动至海面(如图6-3-2)。在滨水景观中,空间的延伸范围极广,上可延天,下可伸水,远可伸外,近可相互延伸,内可伸外,外可借内,左右延伸,巧于因借。它可以有效地增加空间层次和空间深度,取得空前扩大的视觉效果,形成空间的虚实、疏密和明暗的对比变化,疏通内外空间,丰富空间内容和意境,增强空间气氛和情趣。

图 6-3-1　青岛栈桥

图 6-3-2　悬浮于海上的芝加哥海军码头

(二) 虚复空间

虚复空间是滨水空间中创造意境的一种重要手法,在滨水空间水面虚复空间形成的虚假倒空间,与滨水空间组成一正一倒、正倒相连,一虚一实、虚实相映的奇妙空间构图(如图6-3-3)。水面虚复空间的水中天地,随日月的起落,风云的变化,池水的波荡,枝叶的飘摇,游人的往返而变幻无穷,景象万千,光影迷离,妙趣横生。像"闭门推出窗前月,投石冲破水底天"这样的诗句,就描绘了由水面虚复空间而创造的无限意境。

图 6-3-3 浙江绍兴南宋时代的八字桥景观(摄于浙江绍兴)

第四节 意境与绿化

绿化在整个城市景观设计中是举足轻重的,在滨水景观中也是如此。绿化在城市滨水景观中的艺术手法我们在前面已经详细说明,接下来重点分析绿化在城市滨水景观意境构成中所发挥的重要作用。绿化和自然水体、周围的道路以及时空、气候的转换都可以构成一幅幅美妙的意境。

一、植物带来的意境

不同的植物会给人以不同的意境,滨水景观中的花草树木也往往寄寓着某种思想情感,如垂柳被喻为对故土的依依恋情,翠竹表示文雅多才,松柏岁寒而不彫(凋),喻人在艰难中保持高风亮节,梅花霜雪中开放,喻人傲骨铮铮,牡丹国色天香,象征富贵荣华,荷花出污泥而不染,形容人之操行清白。凡此种种,或以物言情,或以物比兴,或以物喻志,追求的是"因物而比兴"

的效果。因此,可以这样说,在滨水景观中,作为审美对象的山水花木等,完全成了审美主体抒发情绪意趣的手段。

二、植物给不同民族带来的不同意境

对于一个民族来说,都有一种或几种植物具有神圣的意义,每个国家都会拥有一种或几种国花。而不同的宗教对植物也情有独钟。槲寄生(Viscum)在英国多有运用,认为是"距离神最近"的植物,在一些基督教的节日期间都会出现。阿拉伯人对蔷薇和悬铃木情有独钟,悬铃木被当作避瘟疫之物,给人以一种安全的感觉。因此,在城市滨水景观的植物意境设计时要注意不同地域、不同民族对于植物意境的不同理解。

三、植物意境的实例

在江苏宝应县的京杭大运河沿岸就规划了一条由植物带组成的多点景观意境组合,成为具有春花、夏绿、秋叶、冬枝的富有诗情画意的滨水空间。滨河绿带以松风听涛、竹径寻幽、碧梧栖凤、古河新柳、杏帘在望、海棠春暖、桂馨月明、梅林初雪、秋叶晨霜、蓼汀花溆、风荷四面和藕香清远等12个景点组成,从各个景点的名称来看,就可知所有的景点都是以植物为创造意境的元素的。

景观区	景点名称	骨干树种	配置树种	乔木与花灌木比例	时令景观
城市森林景观区	松风听涛	雪松、黑松	蜀桧、广玉兰、榆树、紫叶李、山茶、海桐等	0.7:1	一月
	竹径寻幽	竹类	黑松、马褂木、桑树、夹竹桃、栀子花、月季等	1:1	六月
	碧梧栖凤	梧桐、凤尾竹	刺槐、香樟、广玉兰、樱花、海棠等	0.6:1	九月
	古河新柳	垂柳、桃花	国槐、香樟、广玉兰、迎春、紫荆等	0.8:1	三月
	杏帘在望	杏树、樱花	广玉兰、意杨、马褂木、桃花、蜡梅、四季时花等	0.6:1	二月
	海棠春暖	海棠、杜鹃	合欢、广玉兰、桑树、樱花、紫荆、四季时花等	0.5:1	四月
	桂馨月明	桂花、紫薇	雪松、合欢、国槐、木槿、石榴、四季时花等	0.5:1	八月
	梅林初雪	梅花、蜡梅	香樟、垂柳、广玉兰、海桐、紫叶李、四季时花等	1:1	十二月
	秋叶晨霜	银杏、七叶树	鸡爪槭、红枫、紫叶李、桂花、四季时花等	1:0.7	十一月
	蓼汀花溆	杜鹃、月季、牡丹等	广玉兰、垂柳、刺槐、探春、棣棠等	0.3:1	五月
	风荷四面	盆栽荷花、四季时花	木槿、棕榈等	0.3:1	十月
	藕香清远	荷花、睡莲	垂柳、合欢、紫薇、石榴、竹类等	0.9:1	七月

(1) 在"松风听涛"中,雪松、黑松为骨干树种,蜀桧、广玉兰、榆树、紫叶李、山茶、海桐等为配置树种,游人在此漫步、停留时,听着运河里的涛声,观赏着风中摇曳的松林,一定会想到陈毅元帅的名诗:"大雪压青松,青松挺且直。欲知松高洁,待到雪化时。"

(2) 曲径通幽的意境在园林中随处可见,但是在城市滨水景观中却比较难以表达,而"竹径寻幽"为我们创造了一个宛似天开的质朴、清幽的至高意境。

(3) "寂寞梧桐,深院锁清秋"的意境在"碧梧栖凤"中表现得淋漓尽致,以梧桐、凤尾竹为骨干树种,以刺槐、香樟、广玉兰、樱花、桂花、海棠等为配置树种,浓密的梧桐林间配置凤尾竹,本身就迎合了"碧梧栖凤"这一典故的意境。

(4) "一树春风千万枝,嫩于金色软于丝",这是对早春三月新柳所体现出的意境的一种贴切的描述,杨柳的婀娜多姿,散发出思乡之情,也让人看到了新的希望,"古河新柳"正是喻意着古老的京杭大运河在新的时代将散发出新的气息。

(5) 在红楼梦中也出现了"杏帘在望",而在这儿以成片杏树、樱花为骨干树种,以广玉兰、意杨、马褂木、桃花、蜡梅、四季时花等为配置树种,二月的植物景观给人一种"绿杨烟外晓云轻,红杏枝头春意闹"的意境。

(6) 以海棠、杜鹃为骨干树种,以合欢、广玉兰、桑树、樱花、紫荆、四季时花等为配置树种的"海棠春暖"展示的是四月的景象,其意境为"只恐夜深花睡去,故烧高烛照红妆"。

(7) "桂馨月明"以自然流畅的林中小路和错落有致的植物群落围合成不同的景观空间,植物以桂花、紫薇为骨干树种,以雪松、合欢、国槐、木槿、石榴、四季时花等为配置树种,每到八月,桂花香气阵阵袭来,月光在姹紫嫣红的木槿花、石榴花映衬下显得格外明亮,使人不禁想到刘克庄的诗"醉里偶摇桂树,人间唤做凉风",可见这里是暑夜纳凉的好地方。

(8) 利用梅花不同的品种组成不同的梅林群落,形成了"梅林初雪"的意境,植物以梅花、蜡梅为骨干树种,以香樟、垂柳、广玉兰、海桐、紫叶李、四季时花等为配置树种,每年十二月份,梅吐蕊,蜡梅开时,游人来此观赏初雪的梅林,一定会联想到宋代诗人林和靖的诗句"疏影横斜水清浅,暗香浮动月黄昏"。

(9) 以杜鹃、牡丹等为骨干树种,以广玉兰、垂柳、刺槐、探春、棣棠花、四季时花等为配置树种,每当五月来临时,百花园中百花齐放,缤纷夺目,使人感受到"乱花渐欲迷人眼,浅草才能没马蹄"的春天意境,这是"蓼汀花溆"传达给游人的感受。

(10) "风荷四面"顾名思义是以盆栽的荷花、四季花卉为骨干树种,以雪松、香樟、合欢、木槿为配置植物,十月金秋,观赏着各类荷花盆栽,犹如诗人周邦彦描绘的"叶上初阳干宿雨,水面清圆,一一风荷举"。

(11) 有了荷花,自然而然就会联想到莲藕,"藕香清远"就是以荷花、睡莲为主,配置垂柳、合欢、紫薇、石榴及竹类等,在原有水塘上开挖水池,水池曲折有序,营造出七月的盛夏景象。

(12) 以"晚秋"为主题的自然森林式布局,间配草地、花径等的"秋叶晨霜",以银杏、七叶树为骨干树,以鸡爪槭、七叶树林、银杏林等展示艳丽的秋色,令人流连忘返,每年十一月份,初霜打在鲜艳的秋叶上,体现了"停车坐爱枫林晚,霜叶红于二月花"的意境。

十二个景点,十二种不同的植物意境,在一年中的每一个月份都能让人感受到不同种类的植物所给予的不同意境,几乎将可以表达出意境的植物都运用上了,如此巧妙的规划、精心的安排,令人叫绝,而且在景点的安排上也错落参差,在每一个时节都不会使景观产生断带的感觉(如图6-4-1,6-4-2),由此可见植物创造的意境是多么精妙。

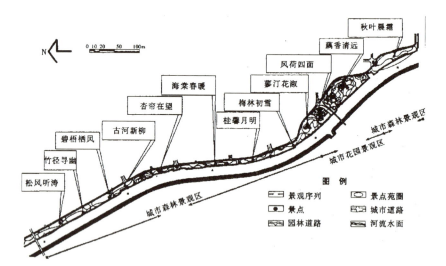

图 6-4-1 江苏宝应县的京杭大运河沿岸绿化带

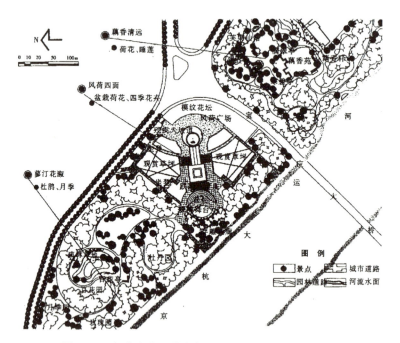

图 6-4-2 江苏宝应县的京杭大运河沿岸局部绿化景观

第五节 意境与气候

滨水地区是大自然赋予的财富,大自然气候的变化也赋予滨水景观浓厚的意境气息。大自然的气候是一张娃娃的脸,阴晴不定,大自然四季的变化也形成了一道亮丽的意境风景。

一、日景

人们对倚自然水体的日出、日落都有特殊的情怀,在很多滨水地区都有著名的观赏日景的佳处,如北戴河的"鸽子窝"。不同类型的自然水体也会产生不同的日景意境(如图 6-5-1,6-5-2,6-5-3),在海上看日出有一种宏大的气势,当红日从海天相连的地平线冉冉升起时,人们感受到自然的勃勃生机,体会到宇宙的无穷奇妙;而江上的日出又有不同的意境,江面没有海面辽阔,因此不可能看到红日从江面浮出的感受,但是当旭日映照在江面上的时候,会产生一种奇妙的景象,将整个江水染得通红,使人感到大自然的神奇,这就是刘白羽先生所描绘的长江三峡所特有的日出意境,我们从中体会到了与海上日出的不同,虽然没有海上日出磅礴的气势,但在与周围景物的结合之中,营造出一种另类的意境。

图 6-5-1 海上日出(摄于大连)　　　　图 6-5-2 江苏长荡湖落日(摄于江苏长荡湖)

图 6-5-3 北戴河的"鸽子窝"日出

二、月景

"海上生明月",月光下的海湾沙滩具有一种亲切柔和的美感。如由灯光勾勒出的港湾大桥轮廓与天空中的明月相互呼应,构成了一幅动人的美景,壮阔中不乏柔美(如图 6-5-4)。

图 6-5-4 映在水面上的月亮和旧金山港湾大桥

张继的《枫桥夜泊》也是一个典型的例子,在那样的月夜,当诗人在夜半时分乘着小舟,怀着感伤的心情,面对映照着古老的枫桥和圆月的河水,聆听着远处寒山寺隐隐传来的钟声,此情此景,有感而发:"月落乌啼霜满天,江枫渔火对愁眠。姑苏城外寒山寺,夜半钟声到客船。"朱自清在《荷塘月色》中就描绘了在淡雅的月景中,姿态各异的荷花亭亭玉立,荷叶田田,在这种美景中,作者却有着淡淡的哀愁,这与当时作者的心情有着很大关联。

三、云、雾、雨、雪景

水边多雾,特别是一种平流雾使水面景物若隐若现,蒙上一层神秘的面纱。如山东长岛县,海面散布着许多岛屿,每当春夏之交,经常发生平流雾,方圆左右,宛若仙境(如图6-5-5)。

图 6-5-5 山东长岛县的平流雾

海滨地区由于空气湿度大,云景特别丰富,或蓝天白云,或满天彩霞,常为游人乐道。在现代城市滨水景观设计中,许多设计师也采用这种制造流云的效果,如在广东省顺德市新城区水轴景观中,有一景观名曰"溪涧流云",就利用了假山石跌水池来表现溪水和流云,溪水映流云,溪水连涓,流云变幻,该景点以动透静,使人如畅游画中,于云霞星空品味静谧,于山峦林泉感受虚灵,领略"行到水穷处,坐看云起时"的乐趣。所谓"水流云自还,适意偶成筑",在这一景点体现得恰到好处。

雪作为一种特殊的自然气候形式,在滨水景观的意境形成中也起着重要的作用,从古至今,许多文人都对水中雪景进行了描绘。雪也成为许多著名景点的象征。如图6-5-6,永安雪霁就是一个冬日游周庄很好的观赏意境,在一片银白世界中游览古镇,别有一番风味,使人们可以感受到世界的纯洁。

图 6-5-6　周庄雪景(摄于江苏周庄)

四、蜃景

蜃景一般都是在大面积的自然水体区域才有可能出现的一种奇特景观,俗称"海市蜃楼",它的成因是由于海水调节气温在垂直方向上剧烈变化,使空气密度的垂直分布随之显著变化,从而引起光线的折射和全反射现象,导致远处的地面景物在人眼前产生奇异的幻觉。关于"海市蜃楼",我国史书上早有记载,并留下扑朔迷离的神话与传说,对游人具有特别的吸引力。如山东的蓬莱不仅是一个佛教圣地,也是一个"海市蜃楼"多发生的地区,这种宛若仙境的千古奇观,更增添了滨海景观的吸引力。

第六节　动态意境的产生

在滨水景观中,动态产生的意境是很多的,比如说气候的变化、水体的自然流动、水边生物的动态发展、时间推移产生的意境等等。

一、涌动的自然水体

地球上的自然水体以各种不同的形状存在着,如海洋、江河、湖泊、瀑布、涧溪、泉水等。不同形式的自然水体给人以不同的感受:海洋的广阔无垠、波涛汹涌、潮起潮落;江河的滔滔奔流;湖泊的明净如镜;瀑布的跌宕如飞、喷珠溅玉;涧溪的水流汩汩;泉水的晶莹剔透、淙淙外溢……每一种水体自然景观都具有独特的魅力和吸引力。

二、步移景异

"移步异景"是中国古代园林设计原则中一种创造意境的重要手法,在滨水景观空间创建中也得到了很好的利用。随着生活节奏的加快,特别是交通工具的改进,现代人更多时候处在动观之中,因此,就更强调一幅画面与另一幅画面的连续和过渡,强调运动路线和运动系统的设计。而且在滨水空间中,由于有大面积的水面作为背景,虽然自然水体给人的感觉是美好的,但如果长时间观赏也会使人产生疲劳感,所以在设计的时候就应当弱化这种呆板的空间组合。

移步异景中的"步"一般是指观赏者的步行移动,但是在滨水区却存在着一种风格迥异的游览路线——水上行"舟",无论是塞纳河还是泰晤士河,乘游艇沿河游览都是人们十分喜爱的项目,而且各不相同的游艇形成了风格独特的城市滨水意象景观,这些滨水区特有的意象,在特定的环境中将形成独特的意境。瘦西湖是由几条河流组成的一个狭长的水面,其中点缀一些岛屿,夹岸柳色,柔条千缕,如疾车走马,片刻即尽,而雨丝风片,烟渚柔波,都无从领略,如易以画舫,从城内小秦淮河慢慢地摇荡入湖,这样不仅延长了游程,而且自画舫不同的窗框中窥湖上美景,可看到无数生动的构图,形成了连续的不断变化的画面,让游者细细咀嚼,它与西湖的游艇有着浅斟低酌与饱饮大嚼的不同。王士祯诗说:"日午画船桥下过,衣香人影太匆匆。"这样走马观花是不能领略到瘦西湖的美的,只有荡舟湖中,在移"舟"景异的过程中,才能体会到美景给人带来的连贯的山水画似的意境。威尼斯往来穿梭的贡多拉就是如此(如图6-6-1)。

图 6-6-1　威尼斯叹息桥下

三、时间

意境与时间的联系在城市滨水景观中往往被设计师所忽视。对于时间感的设计确实很困难,因为它具有较难控制的运动序列,杭州的西湖在这方面却做得十分到位,西湖的春夏秋冬给人以不同的感觉,这种随着时间转变而产生的景观变化在现代设计中应该得到借鉴和利用。

在滨水景观中,将四季融为一体的景观十分少见。多景点的融合,使游人在移步异景的同时,感受到由视点转移和时光流逝而产生的流畅意境。如在成都的府南河畔,根据所处方位、主题和植物景观特点,规划了春、夏、秋、冬四个景区。在春景区有木兰花坞、映艳园和活水公园三个景园,映艳园是以春花海棠为主题,重点表现海棠春艳的意境,形成了500米的海棠花廊;夏景区有紫薇园、翠风苑、思蜀园、清晖园四个景园,翠风苑中黄桷树、青桐树和大型水景互相掩映,形成了以翠风绿意的夏季风光为主的意境,而在紫薇园中,以夏季盛开的紫薇为主要植物,表现夏景;秋景区有银杏园、拒霜园、绮霞园、雅文化景园、枕江楼牌坊绿地等景园,绮霞园以如霞秋色为意境主题,以红枫、红叶李、桂花等观花、观叶植物为主景,点缀传统形式的独柱伞亭,而拒霜园以成都的市花木芙蓉为专类植物,形成了"拒霜高格,与东篱傲骨同论"的意境;冬景区以岁寒园、香雪园、龟城遗堞为主要景点,岁寒园以松、梅、竹及冬景植物为主,表现出冬景的意境。

四、水边生物产生的动态意境

水陆交接处往往是生物圈最为繁复的地域,因此如何利用好这些有利的自然资源来产生优美的意境是对设计师能力的一种考验。

江苏常熟市的沙家浜是著名的水边景观,当小船行进在高人一头的芦苇荡之中时,船桨拍打水面的声音和风吹芦苇的声音相互交织在一起,不禁使人联想起当年新四军藏身于芦苇荡中,乡亲们划着小船探望子弟兵的感人情景。

放养水鸟或吸引水鸟在此栖息也同样能使滨水景观产生意境,泛舟水上,人鸟同乐(如图6-6-2),回归自然的感觉油然而生,岸上的繁华与喧闹,水上的温馨与惬意,咫尺之间,天壤之别,人与自然是如此的和谐。如图6-6-3是流经澳大利亚港口城市珀斯的斯旺河,在英文中,"斯旺"就是"天

图6-6-2 人鸟同乐

鹅"的意思,而斯旺河就是得名于成群栖息在河中的黑羽毛、红嘴天鹅。人们观赏着美丽的天鹅在水中自由自在地嬉戏,心情也会变得欢畅。

图 6-6-3　澳大利亚港口城市珀斯的斯旺河上悠闲自得的天鹅

小　结

意境是我国古典美学中所特有的审美理想,而城市景观设计的意境是建立在各方面因素综合的基础上的,历史文脉、景观的色彩、材质、灯光,以及不同景观的组合都可以形成如诗如画的意境。城市滨水区由于其特殊的地理位置,在自然水体的衬托下更容易形成意境思想,意境的设计是城市滨水景观中最高层次的设计理念,在进行规划设计的时候应当充分考虑和利用好意境这一审美情趣,使城市滨水区更加引人入胜。

第七章 城市滨水景观艺术至境实例分析

在滨水城市中,有很多城市的滨水景观艺术至境都达到了一定高度,在这一章我们将重点介绍杭州和大连这两个我国典型的滨水城市中滨水景观艺术至境的设计手法。之所以挑选这两个城市是为了进行鲜明的对比,杭州是我国古代劳动人民创造的一个古典园林式的滨水景观艺术至境的典型,而大连却是现代滨水城市景观的典型代表,但也蕴含着丰富的艺术至境的手法,因此以这两个城市来进行比较,会对现代城市滨水景观艺术至境理念注入新的内涵。

第一节 杭州西湖滨湖传统景观的艺术至境

邈远悠久的历史渊源,丰富厚实的文化沉淀,加上旖旎明秀的湖山景色,这就是杭州。如果把杭州比作一部大书的话,人们在阅读这些"地上文章"时,不觉多了几分深沉的目光。西湖的景致美在不经意间的编排,美在整体意象的完美把握,也美在任何一个角落所散发出的迷人的意境。

一、以西湖为中心的杭州整体意象

杭州之出名,与西湖山水之名冠天下实不可分。无怪白居易在怀念杭州的诗中说"未能抛得杭州去,一半勾留是此湖"。

西湖位于杭州城西,东临城区,三面环山,重峦叠嶂,中涵碧水,构成了"三面云山一面城"的格局。西湖的山水、园林、风景名胜美不胜收,在南宋时期就有西湖十景之说,八百年来不断经营发展,西湖的景点、景区和文物古迹又不断地丰富,有一湖、二峰、三泉、四寺、六园、七洞、八墓、九溪、十景之说,但也难以概括其丰富的内容。

西湖不仅擅山水之胜,更因众多的历史人物而增色添辉。"天下西湖三十六,就中之最是杭州",之所以如此,实有赖于杭州这座历史文化名城深厚的文化积淀。

杭州整个城市的整体意象是围绕着西湖组成的,而西湖周围滨湖景观意象的建设经历了近千年的发展,形成了一个独特的意象景观。

(一) 改造自然与尊重自然的最佳实例

在对城市自然景观的改造中,有很多成功的例子。杭州的西湖应该是最为成功的范例之一。杭州地处钱塘江下游,古时候这里是一个烟波浩渺的海湾,北面的宝石山和南面的吴山是环抱这个海湾的两个岬角,后来由于潮汐冲击,湾口泥沙沉积,岬角内的海湾与大海隔开了,湾内成了西湖,湾口则成为今天的杭州。

唐长庆二年(822年),诗人白居易任杭州刺史,筑堤建闸,疏浚六井河道,建成了著名的"白堤","最爱湖东行不足,绿杨荫里白沙堤"是杭州人妇孺皆知的白居易的名句;北宋元祐年间,著名的文学家苏轼出任杭州知府的时候,组织民工开掘葑滩,用葑泥在西湖上筑起一条纵贯南北的长堤,更增添了西湖的秀色,世人称为"苏堤"。苏堤对于西湖完全是一种闲庭信步式的表述,莺飞草长的春日里,葱茏新绿,姹紫嫣红,漫步烟柳画桥的苏堤,是体会西湖妩媚气质的最佳选择,遍栽花柳的十里长堤虽然是人工造就的,却不着一点痕迹,悠游其间,全然是融性情于自然之中的感觉,大约这就是"西湖之性情,西湖之风味"所在。和其他景点不同,苏堤不是一个静止的点,而是从南山延至北山的十里长堤,是西湖这幅画上的一条线。中国画是讲究线条的,苏、白两堤使西湖更具有一种中国式的线性美。这些都是人为地对自然的改造,西湖十景几乎都是对自然山水的改造,却给整个西湖增添了生机。小瀛洲、湖心亭、阮公墩三个小岛,如同神话世界中海上三座仙山鼎立湖中,苏堤、白堤、赵堤和花港观鱼半岛,横卧在西湖的东西、南北,把西湖分隔为内西湖、里西湖、西里湖、岳湖和小南湖五个大小不等、比例合宜的水面,避免了如太湖的浩瀚之感,又增加了层次和深度(如图7-1-1)。

图 7-1-1 杭州西湖全景(摄于浙江杭州)

由西湖的例子我们可以看出,在对于原有自然山水的改造中,应该尽量运用其原有的条件,在改造自然的同时,做好尊重自然的工作,在改造自然的时候,没有破坏原有的环境景观,甚至使原有景观得到了更大的利用。

(二)历史整体意象的传承

旧时的西湖十景有断桥残雪、平湖秋月、三潭印月、花港观鱼、曲院风荷、苏堤春晓、柳浪闻莺、双峰插云、雷峰夕照、南屏晚钟等,而20世纪80年代,西湖又评选出"新西湖十景":云栖竹径、满陇桂雨、虎跑梦泉、龙井问茶、九溪烟树、吴山天风、阮墩环碧、黄龙吐翠、玉皇飞云和宝石流霞等。这些散落在西湖边的珍珠,点缀着西湖这一颗耀眼的明珠。

(三)各意象元素的有机组合

整个杭州城几乎都是以滨水区域的姿态出现的,西湖成为整个城市的灵魂。而西湖的岸线成为杭州的分水岭,形成了一个湖中的神秘世界和陆上的一个真实的城市空间。

环湖的滨湖大道形成岸上的主要道路,苏堤、白堤两条长虹形成湖中的主要道路,而西湖最为引人注目的是一连串的传统桥梁,"六桥烟柳"就是最好的例子,走在六桥上是不会厌倦的,"四面青山皆入画","诗在烟光柳色间",六桥都有着优美的名字:映波、锁澜、望山、压堤、东浦、跨虹。除此之外,还有许多著名的桥,如西泠桥(如图7-1-2)、玉带桥、断桥等。有了这些桥,就像音乐有了起伏和变化,有了停顿和连绵。

图7-1-2 杭州西泠桥及慕才亭(摄于浙江杭州)

西湖的诸多景观中,存在着大量的节点元素。亭是中国传统的建筑之一,在西湖,亭是一个主要的节点元素,在西泠桥西堍就有"慕才亭",它讲述着才女苏小小的传奇。除了这些节点元素以外,塔是西湖最为称道的标志性建筑,最为著名的应该是保俶塔了。由于一次次的重建,一次次地改换着容颜,形成了现在的一座美人塔,看惯了敦厚严谨的宝塔,当人们在西湖边勾留时,不经意间面对如此一座风流宝塔,恐怕只有在到处流溢着散淡闲情的西湖边,一座浮屠的宗教庄严才会被化解,而成就一幅俏丽的容貌(如图 7-1-3)。

图 7-1-3　杭州保俶塔(摄于浙江杭州)

三、杭州西湖意境创造手法

西湖滨湖的景观规划延续了近千年,在西湖的意境创造中,运用了多种手法,却几乎都离不开中国传统的创造意境手法。

(一) 历史文脉的延续

在西湖的景点中,许多都是与历史文脉相关的。

首先,是佛教元素在西湖的景观中被大量运用。如在杭州西湖中,有一个叫"我心相印"的凉亭,字写得温文尔雅,不火不烈,却偏偏惹得痴心恋人们动心,将这四字当作今日此时两心相恋的见证,纷纷在此拍照留影。"我心相印"这名字有些特别,由禅语"心心相印"转化而来。一日佛祖说法,拈花示众,却不出一言,众人不解,面面相觑,只有迦叶会心一笑。他明白了佛祖的潜台词:"这朵花就是佛心,它就在你面前,你看见了吗? 我有一颗佛心,你有没有?"迦叶用一笑告诉佛祖:"我也有佛心。"两心相印,佛祖即将佛法传授了。佛心需得佛心去契合。然而,这会心一笑,又何尝不是我们凡人之间默契的佳境。"我心相印"亭由于采用了镂窗的效果,使游人在亭外就可以看到湖中的三潭印月(如图7-1-4)。三潭印月本身也是具有特殊的宗教意义的,三个石塔原是立于沿苏堤一线的,明万历年间重建时有了现在三足鼎立的模样。石塔高约 2 米,塔身球形,塔顶呈葫芦状,四周有五个小圆孔。这三座石塔自古就以赏月著称,历代有种种"印月"之解。一说是夏夜在石塔内点燃灯烛,烛光从石塔的圆孔中泄出,落于湖面,宛如月亮闪烁水中。又说是皓月当空时,湖面上月影、塔影融成一片。还有更妙的,清初某人在湖边山上眺望,见湖中岛旁有三大圆晕,他询问一旁的和尚,和尚说这就是"三潭印月"。他因此悟出"印月"之理在于"似月而非真月"。这或可称为又一解,似月的想象似乎更具诗情。塔影幢幢,水光潋潋,缥缥缈缈中大可去求证心中之月。

图 7-1-4　从"我心相印"亭望三潭印月

其次,在西湖一直就流传着美丽的传说——白蛇传,因此许多景观所产生的意境都与这个优美的传说相关,其中最为著名的应该就是断桥和雷峰塔了。断桥是白堤的东起点,处于外湖与北里湖的分水点上。桥旁有亭翼然,亭内有碑傲然,碑上清朝康熙帝题写的"断桥残雪"四字透着盛世的从容和安详(如图 7-1-5)。杭州一向少雪,而这座西湖最著名的桥,却以西湖上最少见的雪景名之。飞雪之时西湖何处不是景,但一个"残"字却流露出别样的情怀。"白蛇传"的故事妇孺皆知,向往人间生活的白素贞最初便是在断桥遇见了许仙,两情相悦,却不合人间规矩,于是卫道的法海便拆散了这一对鸳鸯。桥,是故事的起点;塔,是故事的终点。这"断"字真是白许婚缘冥冥中的预示,白素贞最终还是被镇于雷峰塔下。凡人与蛇仙故事里的悲剧意味被时间磨砺得透明而纯净,每当人们徘徊于断桥之上时,便会产生一股苍凉之感。

第七章 城市滨水景观艺术至境实例分析 / 105

图 7-1-5 断桥残雪

(二) 气候形成的意境

多变的气候形成了西湖多变的面貌,而设计者正是运用了这一特点,将西湖的气候变化产生的意境发挥得淋漓尽致。西湖在不同的气候中,显现出不同的姿态,"欲把西湖比西子,淡妆浓抹总相宜"。明代钱塘人高濂在《四时幽赏录》中对苏堤桃花的欣赏有六趣,其实这六趣也可以是对西湖的比喻:一称晓烟初破,西湖似美人初起,娇怯新妆(如图7-1-6);二称明月浮花,

图 7-1-6 雾气缭绕的西湖犹如仙境一般(摄于浙江杭州西湖)

西湖若美人步月,丰致幽娴(如图7-1-7);三称夕阳在山,西湖似美人微醉,风度羞涩(如图7-1-8);四称细雨湿花,西湖若美人浴罢,暖艳融酥;五称高烧庭燎,西湖如美人晚妆,容冶波俏;六称花事将阑,西湖似美人病怯,铅华消减(如图7-1-9)。此论堪称真知西湖者言。

图 7-1-7　平湖秋月

图 7-1-8　宝石流霞(摄于浙江杭州西湖)

第七章　城市滨水景观艺术至境实例分析 / 107

图 7-1-9　晚秋的西湖（摄于浙江杭州西湖）

（三）四季花卉更替产生的意境

西湖的美景以植物为媒介，产生了色彩斑斓的意境："春则花柳争妍，夏则荷榴竞放，秋则桂子飘香，冬则梅花破玉，瑞雪飞瑶。四时之景不同，而赏心乐事者与之无穷矣。"西湖春日的意境是"桃柳不言，下自成蹊"（如图 7-1-10）；"接天莲叶无穷碧，映日荷花别样红"是西湖夏日意

图 7-1-10　桃红柳绿的白堤（摄于浙江杭州西湖）

境的真实写照(如图 7-1-11);而相传"月桂峰"是天上月宫中的桂子纷纷扬扬坠落此山而得名,于是西湖的秋色就有了"桂子月中落,天香云外飘"的意境(如图 7-1-12);超山的梅花素有"十里香雪海"之称(如图 7-1-13),孤山的梅花却以有"梅妻鹤子"之称的林和靖的绝唱"疏影横斜水清浅,暗香浮动月黄昏"而闻名于世,古人有琴曲《梅花三弄》,据说古琴弦是蚕丝做的,弹奏起来声音细微,恰似那梅花的香魂,丝丝缕缕地在西湖上空萦绕(如图 7-1-14)。

图 7-1-11　曲院风荷(摄于浙江杭州西湖)

图 7-1-12　满陇桂雨(摄于浙江杭州)

第七章 城市滨水景观艺术至境实例分析 / 109

图 7-1-13 超山梅花(摄于浙江杭州)

图 7-1-14 孤山之梅(摄于浙江杭州)

(四)动态的美

西湖几乎包含了所有动态意境的元素。在著名的"花港观鱼",几万尾红鱼在花池中欢畅悠游,形成了一幅人鱼同乐的场景(如图7-1-15)。泛舟湖上,随着视线的不断变化,眼中的景象也随之变化,而西湖边的景观是一个连续的整体,无论从哪一个角度看都是一幅山水画,每一个人身处其中都会产生诗画一样的意境感受。西湖的美,美在其多变的姿态、多变的容貌,正是由于这种不断改变着的意境,才使杭州成为人间的天堂。

图7-1-15 花港观鱼(摄于浙江杭州)

第二节　大连现代滨海景观的艺术至境

大连有着得天独厚的地理优势,三面环海,气候宜人,是避暑胜地。大连与杭州有着截然不同的风格,如果说杭州是一幅中国古典仕女图的话,那么,大连就是一幅有着浓郁中西合璧风格的油画,处处显现着现代的气息,这或许与大连一百多年的历史息息相关。

一、大连的历史渊源

大连的名称源于大连湾,大连湾一名首见于1879年李鸿章给光绪皇帝的奏折中。20世纪初,大连湾西岸形成城市规模后,大连即移植为城市名称。在城市历史沿革上,俄国人曾在这里进行过城市规划,日本人在俄国规划的基础上进行了大规模建设,并留下一大批具有异域文化传统的殖民建筑,为城市形成与发展奠定了基础。从1945年日本投降到80年代中期的近40年时间里,这个城市一直以缓慢的速度发展。然而跨入90年代后,这座城市终于耐不住多年的寂寞,开始以自己特有的魅力跃跃欲试。世界上恐怕没有任何一个城市像大连一样进行如此规模的城市建设。但是,在这段发展历程中,也经过了一些曲折。在90年代初,城市发展似乎偏重于向高层发展,追求城市的天际线,当时的口号是把大连建设成"北方香港"。然而,这种建设没有持续多久就开始降温,城市景观设计的思路走向比较成熟的阶段,"不求最大,但求最佳"成为建设的基本思路,将大连建设成为一个具有典型滨海特色的绿色城市。

二、大连现代化滨海城市整体意象的形成

大连这座城市的整体意象就表现为现代化滨海城市的特点,因此所有的城市景观设计都是为实现这一目标而努力的,特别是在城市滨水景观设计中得到了切实体现。

(一) 现代化的单体意象元素

由于大连三面环海(如图7-2-1),因此可以说大连整个城市都属于城市滨水区域,而在这个大面积的城市滨水区中,存在着大量的现代化意象元素,这是与杭州以中国传统景观为主不同的。

1. 现代化的城市滨水广场

大连在历史上就是一个多广场的城市,在20世纪90年代的建设中更是注重广场的建设,特别是在滨海地区建造了多个广场,其中最为著名的应该是星海广场和海之韵广场。星海广场是从星海会展中心的下沉广场以及展览馆开始一直到海边的世纪广场,若干小广场共同组成了一个规模巨大、和谐完整的大型广场地带。而海之韵广场依海而建,充分展示了大连的海滨城市特色。虽说与杭州相比,整个大连是一个充满现代化气息的城市,但是在进行现代化大型广场建设中,也不乏中国传统元素,而且都拥有其象征意义,象征也是意象的一种,因此在大连众多的滨海广场中,存在着大量的意象鲜明的元素。

112　　/ 城市滨水景观的艺术至境

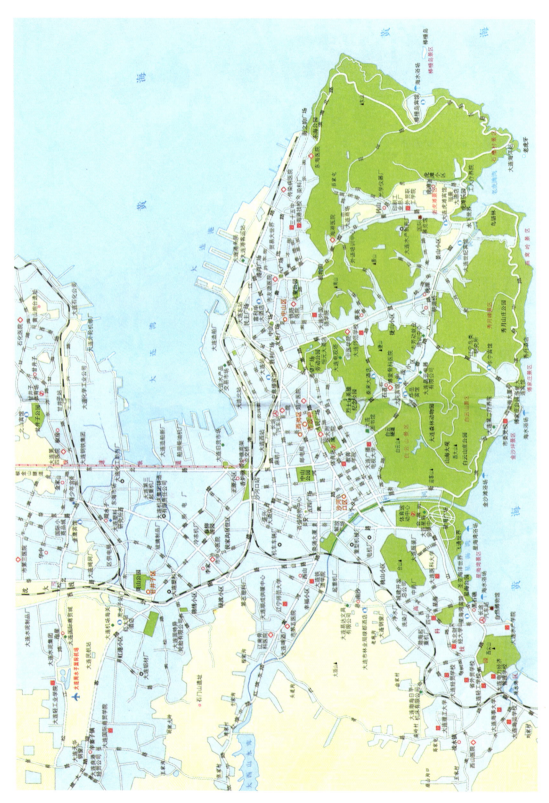

图7-2-1　大连地图

2. 城市雕塑

城市雕塑可能是大连城市滨水景观单体意象元素中最为引人注目的,几乎每一个到过大连的人都对其滨海广场中的雕塑津津乐道。在大连,城市雕塑发展有着自身的历史,建市仅一个世纪的大连,大约有半个世纪都在殖民文化的统治之下,日本和俄罗斯的文化对大连的影响是比较深的,所以至今还保留着一些带有殖民文化的城市雕塑。现在,这些雕塑正逐步被现代化的雕塑所替代。

雕塑的种类很多,按照其材料的不同可以分为石材、金属、玻璃钢、混凝土等,按其所具有的功能作用不同又可以分为纪念性雕塑、装饰性雕塑、功能实用性雕塑等。

石材最易表现的是体量厚重,整体团块结构鲜明的雕塑,如大连老虎滩园林区的石虎群雕,形象饱满而充实,充满无尽的力量感,大胆夸张的变形,依山傍海,显示了其威武的气势(如图 7-2-2)。

图 7-2-2 大连老虎滩的石虎群雕(摄于大连老虎滩)

大连纪念建市百年的百周年城雕,采用了脚印这一形象,象征着大连人民走过的历程,成为大连最为著名的纪念性雕塑(如图 7-2-3)。海之韵广场的雕塑,是由极具写实性的西格尔式的一群游玩的孩子和悠闲的人们以及一组具有装饰性的巨龙的形象组成,为整个广场带来了生气。周围绿丛中各具特色的小品或雕塑,如大得令人吃惊的木鞋(如图 7-2-4)、小山般的仙人球、高高的竹桶……也为广场增添了几分情趣。

图 7-2-3　前人的足迹刻写着世纪的丰碑（摄于大连星海广场）

第七章 城市滨水景观艺术至境实例分析 / 115

图 7-2-4 夸张写意,不经意间豁然眼前,给人一种陌生与惊奇

3. 城市小品

城市小品是城市公共空间中的点缀和活跃元素,它们可以以各种形式存在,甚至以自然环境中的某种形象出现,仿生效果十分逼真。在城市滨水空间中,它们与滨水空间中的其他元素搭配,组合成各种围合小空间和景观元素,以满足人们各种使用和欣赏的需求,而其本身又具有各自独立的功能。

大连的城市滨水景观十分注重小品的设计,一段折断的树桩,一个童话世界中的木桶,一只巨大的辣椒(如图 7-2-5),这些别具匠心的垃圾箱给人们带来意想不到的视觉收获。大连的指示牌也具有特色,它在表述指示功能的同时,也是城市滨水景观中的一种装饰元素,它将功能和形式有机地统一起来,并与周围环境相和谐,它们不仅自然而流畅地表达了其自身的指示功能,更带来耐人寻味的艺术享受(如图 7-2-6,7-2-7)。

图 7-2-5 别具匠心的垃圾箱给人们带来了意想不到的视觉收获

图 7-2-6　古朴的仿木材料制成的指示牌(一)

图 7-2-7　古朴的仿木材料制成的指示牌(二)

除了这些小品以外,大连的路灯也别具特色,从星海广场沿中央大道北行500米是会展中心,南行500米是无垠的大海,中央大道红砖铺地,西侧绿草茵茵,由小黄叶杨组成图案,每隔20米设一支航标造型的石柱灯,"航向"直通大海,表达了当年中国人雪洗百年国耻之后,面对大海、走向世界的豁达气派(如图7-2-8)。

图 7-2-8　星海广场边的石柱灯(摄于大连星海广场)

(二)城市滨水景观整体意象的形成

大连没有像杭州那样具有深厚的文化底蕴,大连的城市滨水景观意象也不可能像杭州那样充满中国传统的意蕴,展现在人们面前的是一个现代化的城市滨海景观设计。大连由于有着近半个世纪的殖民统治,因此在某些方面不可避免地有着异域风情。如何将这些不同的风格融会贯通,形成大连特有的风格是值得探讨的。大连在这一方面做得很好,不是全盘否定,而是在改建的同时保留其精华。20世纪90年代初大连刚开始建设的时候曾经走过一段弯路,放弃了本身的特点而追求香港式的国际化大都市模式,幸好在不久以后就形成了自己鲜明的特色,这是值得我们借鉴的。

三、现代化滨水景观中的意境创造

总体来说,大连滨海景观的意境没有杭州西湖边的意境来得丰富多彩,但是由于滨海这一得天独厚的地理优势,而产生了与西湖柔美风格相反的磅礴的意境。

(一)碧海蓝天的广阔意境

大连面向烟波浩渺的太平洋,临海处海湾较多,礁石错落,地貌奇特,构成了以蓝天、碧海、白沙、黑礁为特色的幽雅明丽的海滨风光。从海上遥望大连,景色更加精彩迷人,长长的海岸线上撒满了一个个绿宝石状的岛屿,有闻名世界的蛇岛和鸟岛等。大连的海滨很有特色,很少看到沙滩,多为鹅卵石或礁石海岸,但这并不影响大连海滨的魅力,站在礁石上眺望广阔无垠的大海,会有一种豁然开朗的感觉,让人体会到大自然的神奇力量。当涨潮时,海浪拍打着岩石,发出不同的声音,有时像优美的小夜曲,有时像激情澎湃的交响乐。在月光下倾听海浪的拍岸声,或许会让你想起那首著名的月光曲。这种意境是在杭州的西湖边所感受不到的,这是一种变幻莫测的意境。当我们在水天一色、海鸥飞翔、轻波荡漾的海边,吹着海风,拿着钓竿垂钓的时候,将会有心旷神怡的感觉(如图7-2-9)。

图 7-2-9　悠闲的海边垂钓有着别处没有的风情(摄于大连星海广场海边)

(二) 中国传统元素的意境

大连虽然是一个现代化的都市,但在滨水景观设计中,也融入了大量的传统元素。

星海广场的设计就充分融合了中国的民族传统文化,巨大的星形造型与大海相呼应,有星有海,恰为星海湾的象征。广场内圆直径199.9米,寓意公元1999年大连建市100周年;广场外围直径239.9米,寓意公元2399年时大连将迎来建市500周年。广场中央设有全国最大的汉白玉华表,高19.97米,直径1.997米,以此纪念香港回归祖国。华表底座和周遭都饰有龙。广场中心借鉴了北京天坛的设计方案,由999块四川红色大理石铺设而成,红色大理石的外围是黄色大五角星,红、黄两色象征着炎黄子孙。大理石上雕刻着天干地支、二十四节气及十二生肖。广场周边还设有5盏大型宫灯,由汉白玉石柱托起,高度为12.34米,光华灿灿,与华表交相辉映。这一切都积淀了中国传统文化的精华。广场巨大的五星红旗象征着共和国源于中华民族悠久灿烂的文化,并使其发扬光大。广场四周,按照东周、西周以来的图谱,雕刻了造型各异的9只大鼎,每只鼎上以魏碑体书有一个大字,共同组成"中华民族大团结万岁",象征着中华民族的团结与昌盛,一言九鼎,表现了海内外华人的共同心声。这一广场设计显示了大连人对中华民族古老文化的敬仰,也表达了大连人对中华民族的真挚感情。

小 结

在此章中,我们以杭州和大连两个不同风格的城市、不同类型的滨水区域为实例,分析了它们各自的意象与意境特色。

可以看出,杭州是一个有着中国传统风格的滨湖城市,而大连却是一个有着异域风情的现代化滨海城市,因此,两个城市滨水景观的艺术至境有其不同的特点。

杭州的意象元素几乎都有中国传统风格的烙印,而且十分注重整体意象的创造,意象元素之间存在着密切的关联,每一个意象元素都不是突兀存在的,而是与其周围环境和谐共存的,其意境的构成是多元化的,无论从哪一个角度去看,都可以体会到意境的存在。

而在大连,其意象元素是充满现代激情的,每一个意象元素都是富有鲜明特色的。正由于其出色的单体意象元素,使得在整体的意象上没有杭州那样和谐统一。大连的海湾为大连滨海景观创造了良好的产生意境的条件,但在设计滨水区景观的时候,意境却没有很鲜明地体现出来。在杭州西湖,四季的花草树木给人不同的感觉,而在有着大面积现代化广场的大连,其绿化却始终达不到杭州的景象,因此大连在注重单体意象元素以及整体意象的同时,应该进一步加强其意境的创造。

结 束 语

城市滨水区是城市景观设计的一个重要组成部分,随着人们对钢筋水泥的城市越来越不满,城市滨水景观的贴近自然性越来越受到人们的重视,而现在的城市滨水景观的设计规划往往只注重形象的效果,而忽视了依托于形象而存在的精神层面的东西。艺术至境是美学中一个重要的理念,但是,长期以来,在城市设计,特别是城市滨水景观设计中,这一理念却没有鲜明地体现出来。我国园林设计之所以成为世界园林设计中的一朵奇葩,就是因为园林设计中处处注重意境的设计。由此可见,将艺术至境的理念引入城市滨水景观设计中是十分重要的。

本书在参考了前人在其他领域对艺术至境研究的基础上,将艺术至境理论运用于城市滨水景观设计中。这是一个新的研究角度,本书只是在总体上进行了初步探讨,大量的研究工作还有待继续深入进行。